Materialfluss beim Dichtwalzen

Von der Fakultät für Maschinenwesen
der Rheinisch-Westfälischen Technischen Hochschule Aachen
zur Erlangung des akademischen Grades einer
Doktorin der Ingenieurwissenschaften
genehmigte Dissertation

vorgelegt von

Eva Gräser

Berichter:

Univ.-Prof. Dr.-Ing. Dr.-Ing. E. h. Dr. h. c. Dr. h. c. Fritz Klocke
Univ.-Prof. Dr.-Ing. Christoph Broeckmann

Tag der mündlichen Prüfung: 16. März 2015

ERGEBNISSE AUS DER PRODUKTIONSTECHNIK

Eva Gräser

Materialfluss beim Dichtwalzen

Herausgeber:
Prof. Dr.-Ing. Dr.-Ing. E. h. Dr. h. c. Dr. h. c. F. Klocke
Prof. Dr.-Ing. Dipl.-Wirt. Ing. G. Schuh
Prof. Dr.-Ing. C. Brecher
Prof. Dr.-Ing. R. H. Schmitt

Band 26/2015

WZL | RWTH AACHEN UNIVERSITY

Fraunhofer IPT

Bibliografische Information der Deutschen Nationalbibliothek
Die Deutsche Nationalbibliothek verzeichnet diese Publikation in der Deutschen Nationalbibliografie; detaillierte bibliografische Daten sind im Internet über http://dnb.ddb.de abrufbar.

Eva Gräser:

Materialfluss beim Dichtwalzen

1. Auflage, 2015

Gedruckt auf holz- und säurefreiem Papier, 100% chlorfrei gebleicht.

Apprimus Verlag, Aachen, 2015
Wissenschaftsverlag des Instituts für Industriekommunikation und Fachmedien an der RWTH Aachen
Steinbachstr. 25, 52074 Aachen
Internet: www.apprimus-verlag.de, E-Mail: info@apprimus-verlag.de

Druck: KN Digital Printforce GmbH, Stuttgart

ISBN 978-3-86359-335-3

D 82 (Diss. RWTH Aachen University, 2015)

Vorwort

Die vorliegende Arbeit entstand während meiner Tätigkeit als wissenschaftliche Mitarbeiterin am Werkzeugmaschinenlabor der Rheinisch-Westfälischen Technischen Hochschule Aachen. An dieser Stelle möchte ich mich bei allen Personen bedanken, die mich bei der Entstehung dieser Arbeit unterstützt haben.

Herrn Univ.-Prof. Dr.-Ing. Dr.-Ing. E. h. Dr. h. c. Dr. h. c. Fritz Klocke, dem Inhaber des Lehrstuhls für Technologie der Fertigungsverfahren, danke ich herzlich für die wohlwollende Unterstützung und die Förderung dieser Arbeit. Univ.-Prof. Dr.-Ing. Christoph Broeckmann danke ich für die eingehende Durchsicht des Manuskripts und die Übernahme des Koreferats. Univ.-Prof. Dr.-Ing. Dr. h. c. Burkhard Corves möchte ich für die Übernahme des Vorsitzes meiner Promotionsprüfung danken.

Mein Dank gilt auch der Deutschen Forschungsgemeinschaft (DFG), die die hier aufgeführten Untersuchungen finanziell förderte. Für die konstruktiven Diskussionen danke ich den Firmen des WZL-Getriebekreises. Hervorheben möchte ich dabei die Firmen Höganäs und GKN Sinter Metals. Mein besonderer Dank gilt der Firma Profiroll Technologies, die für die experimentellen Untersuchungen eine Walzmaschine zur Verfügung stellte und deren Mitarbeiter meine Arbeiten mit fachlicher Diskussion und stetigem Interesse begleiteten. Namentlich hervorheben möchte ich hier die Herren Michael Hirsch und Peter Strehmel.

Den Kolleginnen und Kollegen der Abteilung „Getriebetechnik“ und insbesondere der Gruppe „Technologie der Zahnradfertigung“ danke ich für die Unterstützung, die ich in den fünf Jahren erhalten habe, und für das positive Arbeitsklima. Die Bereitschaft interdisziplinär zu diskutieren und die eigene, eng bemessene Arbeitszeit in andere Projekte zu investieren, macht diese Abteilung einzelner Projektleiter zu einem großartigen Team. Ich hoffe, dass ich die positive Unterstützung, die ich erhalten habe, in gleichem Maße zurückgeben konnte. Ebenfalls möchte ich den Studenten danken, die mich durch die Bearbeitung ihrer wissenschaftlichen Arbeiten oder als studentische Hilfskräfte unterstützt haben. Im Hinblick auf diese Arbeit möchte ich Shan-An Kao, Niklas Nolzen, Marc Zandek, Jonas Eßer und Tim Frech hervorheben.

Mein besonderer Dank gilt meinem ehemaligen Bürokollegen Dr. Stefan Herzhoff und meinem ehemaligen Oberingenieur Dr. Markus Brumm für die kritische Durchsicht meiner Arbeit und die konstruktiven Anmerkungen sowie für die positive Unterstützung während der Entstehung der Arbeit.

Meiner Familie und insbesondere meinen Eltern danke ich sehr für die Unterstützung, die sie mir zu jeder Zeit entgegenbrachten. Ohne sie wäre ich diesen Weg nicht eingeschlagen. Mein größter Dank gilt meinem Lebenspartner Patrick Sudowe. Ohne seine Unterstützung und das große Verständnis für diverse Überstunden und durchgearbeitete Wochenenden wäre diese Arbeit in dieser Form nicht möglich gewesen.

Aachen, im Juni 2015 Eva Gräser

Inhaltsverzeichnis

Content

Formelzeichen und Abkürzungsverzeichnis

Formula Symbols and Abbreviations

Lateinische Formelzeichen

Symbol	Einheit	Bezeichnung
A_D		Dichteabhängiger Faktor
A_{max}	mm²	Maximale Fläche
a	mm	Achsabstand
a_0	mm	Startachsabstand
a_{end}	mm	Endachsabstand
b	mm	Zahnbreite
b_i, b_j		Modell-Koeffizienten
C_i		Faktoren
d	mm	Teilkreisdurchmesser
d_a	mm	Kopfkreisdurchmesser
d_f	mm	Fußkreisdurchmesser
d_{Ff}	mm	Fußformkreisdurchmesser
d_W	mm	Wälzkreisdurchmesser
d_{max}	mm	Maximaler Durchmesser
d_2	mm	Werkstückdurchmesser
d_0	mm	Werkzeugdurchmesser
e		Dehnung
$\dot{e}$	1/·s	Dehnrate
$g_{\alpha y}$	mm	Eingriffsstrecke
F	N	Kraft
F_α	µm	Profilgesamtabweichung
F_N	N	Normalkraft
F_R	N	Reibungskraft
$F_{\alpha m}$	µm	Mittlere Profilgesamtabweichung
$f_{f\alpha}$	µm	Profil-Formabweichung
$f_{H\alpha}$	µm	mittlere Profil-Winkelabweichung
$f_{H\alpha m}$	µm	Profil-Winkelabweichung
k_D	MPa	Materialabhängige Konstante

k	MPa	Schubfließspannung
k_f	MPa	Fließspannung
$k_{f(\rho)}$	MPa	Fließspannung bei relativer Dichte
$k_{f(\rho=1)}$	MPa	Fließspannung bei voller Dichte
l	mm	Geänderte Länge
l_0	mm	Ursprüngliche Länge
$g_{\alpha y}$	mm	Eingriffstrecke
m_D		Materialkonstante
m		Reibfaktor
m_n	mm	Normalmodul
N		Anzahl Überrollungen
N_A		Anzahl Überrollungen Auslauf
N_K		Anzahl Überrollungen Kalibration
N_z		Anzahl Überrollungen Zustellung
N_{RP}		Anzahl Reversierpunkte
n_0	min^{-1}	Drehzahl am Werkzeug
n_2	min^{-1}	Drehzahl am Werkstück
n		Anzahl Messwerte
P_P		Materialeigenschaften im porösen Zustand
P_{Pf}		Materialeigenschaften im porenfreien Zustand
p		Anzahl Koeffizienten
Q^2		Vorhersagekraft
q_D		Materialkonstante
q_i		Tvergaard Parameter
R	mm	Krümmungsradius
R^{-1}	mm^{-1}	Krümmung
R^2		Bestimmtheitsmaß
$\bar{R}^2$		Korrigiertes Bestimmtheitsmaß
R_0	mm	Werkzeugkontaktradius
R_2	mm	Werkstückkontaktradius
R_{2y}	mm	Werkstückkontaktradius an der Stelle y
R_a	µm	Arithmetische Mittenrauheit

R_Z	µm	Gemittelte Rautiefe
$R_{p0,2}$	N/mm²	0,2%-Dehngrenze
R_q	µin	Oberflächenrauheit
r	mm	Radius am Kontaktpunkt
s_{an}	mm	Zahndickensehne
S_a	µm	Oberflächenrauheit
s	%	Schlupf
s‘		Normierter Schlupf
s_{an}	mm	Zahndickensehne
T_{Sinter}	°C	Sintertemperatur
T	°K	Temperatur
t	mm	Tiefe
V_s	in/s	Gleitgeschwindigkeit
V_t	in/s	Summengeschwindigkeit
v_G	m/s	Gleitgeschwindigkeit
v_f	m/s	Vorschubgeschwindigkeit
v_t	m/s	Tangentialgeschwindigkeit
v_n	m/s	Normalgeschwindigkeit
v_u	m/s	Umfangsgeschwindigkeit
w	Kg/in	Normierte Oberflächenlast
x_0		Profilverschiebungsfaktor des Werkzeugs
x_2		Profilverschiebungsfaktor des Werkstücks
x_c	%	Kohlenstoffanteil
x_{dFf}	mm	X-Koordinate am Fußformkreisdurchmesser
x_{Wst}	mm	X-Koordinate des Werkstücks
$\overline{y}$		Mittelwert aller Messwerte
y_i		Messwerte
$\hat{y}_i$		Modellwerte
$\tilde{y}_i$		Modellwert ohne Messwert i zur Modellerstellung
z		Zähnezahl

Griechische Formelzeichen

Symbol	Einheit	Bezeichnung
α	°	Einlaufwinkel
α_D		Materialabhängige Konstante
α_n	°	Normaleingriffswinkel
α_{ny}	°	Normaleingriffswinkel an der Stelle y
β	°	Schrägungswinkel
β_D		Hydrostatischer Einflussfaktor
Δa	mm	Achsabstandsdifferenz
Δr	mm	Lokales Aufmaß
$\Delta r'$	-	Normiertes Aufmaß
$\Delta \rho_{\Delta tn}$	pp	Zunahme der relativen Randdichte
Δt	mm	Randabstand
Δt_D	mm	Verdichtungstiefe
$\Delta t_D'$		Normierte Verdichtungstiefe
Δt_{Di}	mm	Verdichtungstiefe bei relative Dichte i
Δt_{D98}	mm	Verdichtungstiefe bei relative Dichte 98%
δ		Dichteabhängiger Faktor
ε	°	Fließwinkel
η	Ns/m²	Dynamische Viskosität
μ		Reibungskoeffizient
ν_P		Querkontraktionszahl im porösen Zustand
ν_{PF}		Querkontraktionszahl im porenfreien Zustand
ρ	in	Lokale Radien
ρ_a	mm	Krümmungsradius
$\rho_{\Delta t}$	%	Relative Randdichte
$\rho_{\Delta t,Exp.}$	%	Relative Randdichte im Experiment
$\rho_{\Delta t,Modell}$	%	Relative Randdichte aus Vorhersagemodell
$\rho_{\Delta tn}$	%	Relative Randdichte in Werkzeugkontakt n
$\rho_{\Delta tn-1}$	%	Relative Randdichte in Werkzeugkontakt n-1
ρ_{Ers}	mm	Ersatzkrümmungsradius
ρ_K	g/cm³	Kerndichte

ρ_{Krel}	%	Relative Kerndichte
ρ_P	g/cm³	Dichte im porösen Zustand
ρ_{PF}	g/cm³	Dichte im porenfreien Zustand
ρ_{rel}	%	Relative Dichte
ΣR	mm	Radiensumme
ΣR^{-1}	mm^{-1}	Krümmungssumme
σ_h	MPa	Hydrostatischer Spannungsanteil
σ_N	MPa	Normalspannung
σ_v	MPa	deviatorischer Spannungsanteil
τ_R	MPa	Reibschubspannung
Φ	[-]	Fließfunktion

Abkürzungen

Abkürzung	**Bezeichnung**
A	Prozessvariante A
B	Prozessvariante B
C	Kohlenstoff
Fe	Eisen
FE	Finite Elemente
FEA	Englisch: Finite Element Analysis
Mo	Molybdän
PM	Pulvermetallurgisch hergestellt
pp	Prozentpunkte
REM	Rasterelektronenmikroskop
RP	Reversierpunkt
Wst	Werkstück
WW	Wechselwirkung
Wzg	Werkzeug
WZL	Werkzeugmaschinenlabor

1 Einleitung

German Introduction

Für die kommenden Jahre wird ein erhöhter Bedarf an Getrieben prognostiziert. Da gleichzeitig der Kostendruck steigt, besonders im Bereich der Automobilindustrie, rücken alternative Prozessketten in den Fokus der Getriebehersteller [RUDO12]. Die pulvermetallurgische Prozesskette mit den zentralen Prozessschritten Pressen und Sintern bietet für Zahnräder wesentliche Vorteile hinsichtlich der Kosten und des Ressourcenbedarfs. Aufgrund einer effizienten Fertigungskette und eines geringeren Materialbedarfs gegenüber der zerspanenden Fertigung werden bis zu 20 % der Bauteilkosten eingespart. Zusätzlich lässt sich der Investitionsbedarf von Getriebeherstellern verringern, da die pulvermetallurgisch hergestellten Zahnräder von Teileherstellern zugekauft werden. [STRE12]

Der Vorteil der pulvermetallurgischen Prozesskette bzgl. der Ressourceneffizienz ergibt sich aus der großen Materialeinsparung und des geringen Energiebedarfs gegenüber der konventionellen Prozesskette [STRE12, KRUZ12]. Bei der pulvermetallurgischen Fertigung werden 95 % des eingesetzten Materials für das Bauteil verwendet, bei vorgeschmiedeten Bauteilen 80 % und bei den zerspanenden Verfahren nur ca. 50 % [WOLB01]. Unter anderem aus dem unterschiedlichen Materialbedarf resultiert auch ein unterschiedlicher Bedarf an Energie pro Bauteil in den verschiedenen Prozessketten. Inklusive der Stahlaufbereitung aus Schrott wird für die rein zerspanende Prozesskette ein Energiebedarf von ca. 15 kWh/kg, für Schmiedeteile 8 kWh/kg und für die pulvermetallurgische Prozesskette 7 kWh/kg angenommen [KRUZ12, WOLB01]. Je weiter die Material- und die Energiekosten steigen, desto mehr wird der Vorteil des geringen Ressourcenbedarfs auch zu einem monetären Anreiz für die Industrie.

Den ökologischen und ökonomischen Vorteilen steht jedoch der Nachteil gegenüber, dass pulvermetallurgisch hergestellte Zahnräder eine geringere Tragfähigkeit aufweisen, als vergleichbare Zahnräder, die aus einem schmelzmetallurgisch hergestellten Stahl zerspant werden. Dabei führt eine Porosität von ca. 10 % der gepresst und gesinterten Zahnräder zu einer Tragfähigkeitsreduktion von ca. 30 % gegenüber zerspanend herstellten Zahnrädern. Zur Steigerung der Belastbarkeit von PM-Zahnrädern wird die Zahnoberfläche lokal verdichtet. Das hier untersuchte Verfahren zur Verdichtung der Oberfläche ist das Dichtwalzen im Außenquerwalzprozess. KAUFFMANN zeigte, dass dichtgewalzte Zahnräder durch iterative Aufmaßanpassungen und Modifikationen des Werkzeugprofils übliche Anforderungen der Automobilindustrie an Tragfähigkeit und Verzahnungsqualität erfüllen. [KAUF13, KLOC11, KOTT03, STRE97]

Bisher ist es jedoch nicht möglich die zeit- und kostenintensiven Iterationen zu vermeiden, da grundlegendes Verständnis dafür fehlt, wie die wesentlichen Qualitätsmerkmale Verdichtung, Profilabweichung und Gefügedeformationen durch die Prozessauslegung beeinflusst werden. Während des Dichtwalzprozesses entsteht im

Kontakt zwischen Werkzeug und Werkstück eine Pressung, die dazu führt, dass das Material des Werkstücks fließt. Die Richtung und der Betrag des Materialflusses beeinflussen die Ausprägung der o. g. Qualitätsmerkmale. Daher wurde in dieser Arbeit untersucht, wie der Materialfluss beim Dichtwalzen gezielt beeinflusst werden kann. Dazu wurden empirische Untersuchungen durchgeführt, auf deren Grundlage die Abhängigkeiten von Prozessauslegung und Materialfluss modelliert wurden. Dabei lag der Fokus auf die oberflächennahe Ausprägung des Materialflusses, da die Verdichtung der oberflächennahen Randzone sowie die Integrität der Oberfläche wesentlich für die Tragfähigkeit der pulvermetallurgisch hergestellten Zahnräder sind [HAJE14]. Mit der Untersuchung des oberflächennahen Materialflusses leistet diese Arbeit einen Beitrag zur Verkürzung der zeitaufwendigen Prozessentwicklung, indem beschrieben wird, wie die Verdichtung und die Deformation der Oberfläche beeinflusst werden können.

Introduction

For the upcoming years, an increased demand for transmissions is predicted. As simultaneously cost pressure is rising especially from the car manufacturers, alternative process chains come into focus of transmission manufacturers [RUDO12]. For gear manufacturing, the powder metallurgical process chain (with pressing and sintering as its central processes) offers benefits with respect to costs and resource requirements. Due to an efficient manufacturing process chain and a low material consumption as compared to the conventional process chain, up to 20% of the costs can be saved. Furthermore, the need for investment can be reduced as powder metal gears are bought from PM part manufacturers. [STRE12]

The advantage of the powder metallurgical process chain with respect to resource efficiency results from the high material savings and low energy consumption as compared to the conventional process chain [STRE12, KRUZ12]. The material being used for powder metallurgical components is 95%, for pre-forged components it is 80% and for the machined components it is only about 50% [WOLB01]. The difference in material consumption results, among others, in different energy requirements per component for the different process chains. Including processing of scrap steel, for machined parts an energy consumption of about 15 kWh/kg is expected (for pre-forged components 8 kWh/kg and for the powder metallurgical components 7 kWh/kg) [KRUZ12, WOLB01]. A further increase of material and energy costs will change this ecological benefit into a monetary incentive for the industry.

In spite of the ecological and economical advantages, the powder metallurgical gears also show a disadvantage with respect to load carrying capacity as compared to conventionally manufactured gears: a porosity of 10% after pressing and sintering results in a reduction of the load capacity of about 30%. In order to increase the strength of PM gears, the surface is locally densified. Here, the investigated process for densification of the surface is densification rolling by external transverse rolling. Kauffmann showed that rolled PM gears can meet common requirements of the car manufacturing industry with respect to load carry capacity and gear quality by iterative stock adaption and tool profile modification. [KAUF13, KLOC11, KOTT03, STRE97]

Currently, it is not possible to avoid time and cost intensive iterations, as basic understanding is missing of how the major quality features densification, profile deviation and microstructural deformation are influenced by the process design. During the densification rolling process, pressure is generated in the tool/ workpiece contact which results in material flow. Direction and amount of the material flow influence the specifications of the quality features mentioned above. Hence in this work, it was investigated how the material flow in densification rolling can be influenced directly. For this, empirical investigations were conducted. On this basis, the interdependencies of process design and material flow can be modelled. The focus was on the surface near material flow, as the densification of the near surface zone and the integrity of the surface are crucial for the load carrying capacity of powder metallurgically manufactured gears [HAJE14]. With the investigation of the near surface material flow, this work is to provide a contribution to shorten the time-consuming process development by a better description of how the densification and deformation of the surface can be influenced.

2 Stand der Technik

State of the Art

Zum Vorverzahnen von Zahnrädern stehen verschiedene Prozesse zur Auswahl. Eine Möglichkeit ist die Prozesskette durch Pressen und Sintern. Die erzeugten Zahnräder haben eine Restporosität von ca. 10 % und dadurch eine geringere Festigkeit als spanend hergestellte, schmelzmetallurgische Zahnräder. Ein Prozess zur Erhöhung der Festigkeit ist das Dichtwalzen im Außenquerwalzprozess. Dieser Prozess wird in der vorliegenden Arbeit untersucht. Im Folgenden wird der Stand der Technik zur Erhöhung des Prozessverständnisses und zur Einordnung der Arbeit erläutert.

2.1 Anforderungen an Zahnräder und Zahnradgetriebe

Requirements for Gears and Transmissions

Getriebe dienen zur Übersetzung von Bewegungen und Momenten. Die Übersetzung kann gleichförmig und ungleichförmig erfolgen. Die ungleichförmige Übersetzung wird beispielsweise bei Kurvengetrieben eingesetzt, z. B. bei der Nocken-Stößel-Mechanik von Verbrennungsmotoren [SCHL09]. Die gleichförmige Übersetzung wird bei Automobilgetrieben zur Anpassung von Drehzahl und Drehmoment des Motors an die Anforderungen des Fahrzeugs eingesetzt [HAKE08].

Bei der gleichförmigen Übersetzung werden oft Zahnräder zur Bewegungsübertragung verwendet [NIEM03]. Hierbei steht wiederum eine Vielzahl von Konzepten zur Bewegungsübertragung zur Verfügung. Sie unterscheiden sich durch die Lage der Zahnradachsen zueinander sowie durch die Zahnform. Diese Arbeit beschäftigt sich mit dem Anwendungsgebiet der lastübertragenden Verzahnungen in Automobilgetrieben. Daher wird im Folgenden der Fokus auf evolventische Stirnradpaarungen gelegt.

Neben der Funktionserfüllung (Bewegungs- und Momentübersetzung) werden weitere Anforderungen an Getriebe gestellt: Innerhalb der Lebensdauer sollen sie u. a. die notwendige Last ohne Schaden übertragen können und eine für den Menschen unangenehme Geräuschemission vermeiden [SCHL09]. Bestimmt werden Lebensdauer und Geräuschemission der Zahnradpaarung über die lokale Belastung im Zahnkontakt, die aus den übertragenen Lasten resultiert. Die lokale Belastung des Zahnrads wird im Folgenden erläutert.

Die Belastung am Zahn setzt sich aus mehreren Anteilen zusammen, die oberflächennah ihren höchsten Wert erreichen, vgl. **Bild 2.1**. Ein Anteil ist die Biegung, die der Zahn durch die Momentübertragung von der Gegenflanke erfährt: Im Kontakt mit der Gegenflanke wird auf den Zahn aufgrund der Momentenübertragung eine Normalkraft aufgebracht. Diese resultiert über den Biegehebelarm in einem Biegemoment und damit in einer Biegespannung am Zahnfuß. Maximal wird die Biegespannung einer fehlerfreien, starren Verzahnung im äußeren Einzeleingriffspunkt

[NIEM03]. Die Zahnflanke erfährt weiterhin Belastungen, die im Wesentlichen auf Hertz'sche Pressung und die Gleitbewegung der Flanken der Zahnradpaarung zueinander zurückzuführen sind [HINZ01].

Mit der Hertz'schen Pressung wird die resultierende Spannung aus der Berührung zweier gekrümmter Körper im elastischen Kontakt beschrieben. Ähnlich wie die Biegebeanspruchung ist auch die Hertz'sche Pressung von der Normalkraft, also von dem übertragenen Moment, abhängig. Ihre Ausprägung kann durch die Wahl des Zahnprofils, der Zahnbreite und der elastischen Eigenschaften der Zahnradpaarung beeinflusst werden [HERT82].

Der Gleitkontakt, der im Kontakt einer Zahnradpaarung die Rollbewegung überlagert, führt zu einer Belastung des Zahnrads durch Reibung. Die durch die Reibung dissipierte Energie wird in Wärme umgewandelt und führt im Zahnkontakt im Extremfall zu Fressen. Ein Maß für die Belastung durch den Gleitkontakt ist die Gleitgeschwindigkeit, also die Differenz der Geschwindigkeiten tangential zur Oberfläche, vgl. Bild 2.1. [NIEM03]

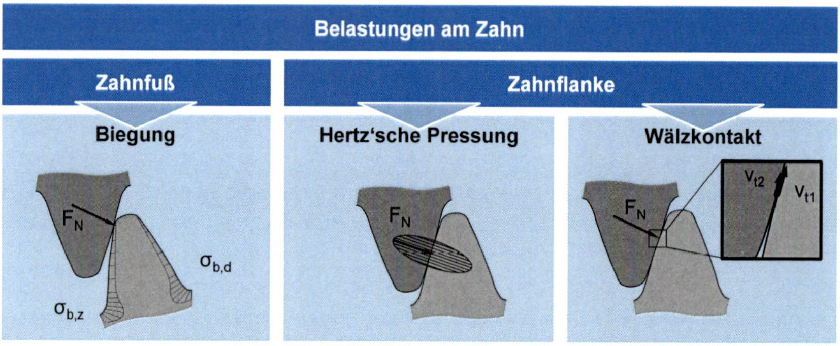

Bild 2.1: Belastungen am Zahn
Loads on tooth

Die o. g. Belastungen gelten in ähnlicher Weise für den Kontakt zwischen Walzwerkzeug und Walzwerkstück. Auch hier wird der Zahnfuß mit Biegung beansprucht, die Flanke mit einer Pressung belastet und es liegt Wälzkontakt vor. Die Bedingungen sind nicht identisch, da es sich beim Zahnrad um einen überwiegend elastischen Kontakt und beim Dichtwalzen um einen elastisch-plastischen Kontakt handelt.

Die am Zahnrad angreifenden Belastungen führen zu einer Beanspruchung des Materials und aufgrund der Verformung unter der Belastung auch zu einem veränderten Zahnkontakt [BREC10]. Sie beeinflussen also die vorher genannten Eigenschaften Lebensdauer und Geräuschemission. Für eine fertigungstechnische Untersuchung lassen sich die allgemeinen Anforderungen der hohen Lebensdauer und geringen Geräuschemission für das Zahnrad als Anforderungen bezüglich Festigkeit und geometrischer Qualität definieren.

Die Anforderung an ausreichende Festigkeit erfüllt eine Verzahnung, wenn die Belastbarkeit der Verzahnung (inklusive des Sicherheitsfaktors) ihrer anzunehmenden Belastung im Einsatz entspricht, vgl. **Bild 2.2**. Beide Größen, Belastbarkeit und Belastung, sind abhängig vom Ort in der Verzahnung. Die Auslegung und die Herstellung der Verzahnung müssen gewährleisten, dass an jeder Stelle die Belastbarkeit größer als die Belastung ist. Da diese Bedingung jedoch ohne Weiteres nicht zu überprüfen ist, wird auf Angaben zur Einsatzhärtetiefe, zu Fuß- und Flankentragfähigkeit zurückgegriffen. In der Serienfertigung von Automobilgetrieben sind auch definierte Testläufe von Getrieben zur Freigabe vorgesehen [NAUN07].

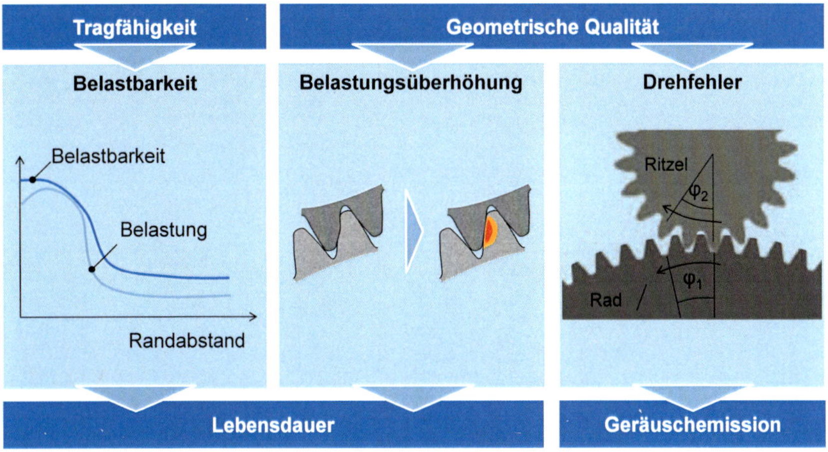

Bild 2.2: Anforderungsprofil der Zahnradpaarung

Profile of requirements for a gear set

Die geometrische Qualität der Verzahnung beeinflusst deren Einsatzverhalten auf zwei Wegen. Zum einen bewirken Abweichungen von der idealen Geometrie die Anregung der Zahnradpaarung und damit eine Geräuschemission [BREC11, NAUN07]. Zum anderen führen Abweichungen von der idealen Geometrie zu Spannungsspitzen im Zahnkontakt [NIEM03]. Dies beeinflusst die Festigkeit der Verzahnung durch eine erhöhte Belastung. Wenn hierbei von der idealen Geometrie gesprochen wird, bezieht sich das auf die Auslegung der Zahnradpaarung auf ihre Belastung. Die ideale Geometrie entspricht also nicht zwingend der Evolvente, sondern beinhaltet zur Reduktion der Spannungen und Geräuschemission Modifikationen, wie z. B. Kopfrücknahmen [NAUN07, RÖTH12]. Für die Herstellung von Zahnrädern bedeuten die Anforderungen an den späteren Einsatz der Verzahnung, dass hohe Ansprüche an die Festigkeit des Materials und an die geometrische Qualität der Verzahnung gestellt werden, die durch die Kombination aus Werkstoff und Prozesskette zu erreichen sind.

2.2 Pulvermetallurgische Zahnradherstellung

Powder Metallurgical Gear Production

In dieser Arbeit wird die pulvermetallurgische Herstellung von Zahnrädern untersucht. Die Pulvermetallurgie umfasst die Herstellung von Pulvern sowie alle Verfahren, bei denen metallische Pulver zu einem Produkt verarbeitet werden [GERM98]. Die Verarbeitung der Pulver zu einem Produkt gliedert sich nach DIN 8580 [DIN03] in die urformenden Fertigungsverfahren aus dem körnigen oder pulverförmigen Zustand ein, vgl. **Bild 2.3**.

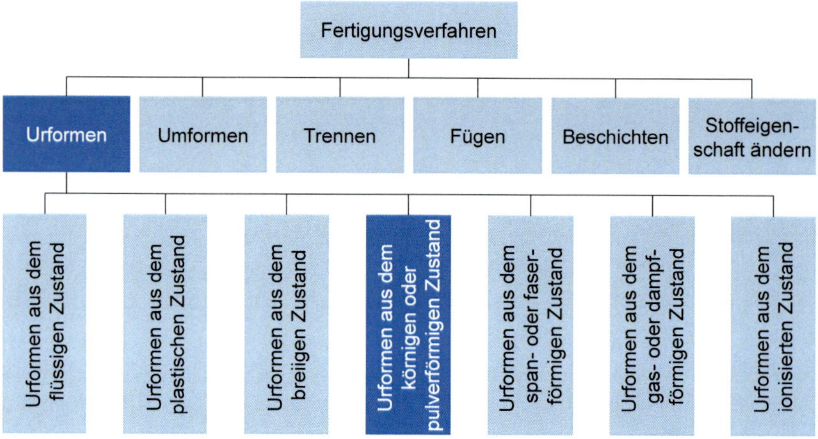

Bild 2.3: Einordnung der pulvermetallurgischen Fertigung nach der DIN 8580
Classification of powder metallurgical production according to DIN 8580

In der Pulvermetallurgie gibt es zahlreiche Möglichkeiten zur Herstellung von Bauteilen aus Pulver. Im Folgenden wird die übliche Prozesskette zur Herstellung von pulvermetallurgischen Zahnrädern vorgestellt, vgl. **Bild 2.4**. Diese setzt sich aus Pulverherstellung, Pulververarbeitung sowie Pressen und Sintern zusammen.

Es gibt unterschiedlichste Möglichkeiten zur Herstellung eisenbasierter Pulver [GERM98]. Übliche Verfahren sind beispielsweise die Eisenerzreduktion zur Herstellung von porösem Schwammeisenpulver und die Verdüsung einer Schmelze durch Gas oder Wasser [BEIS12]. Die REM-Aufnahme eines wasserverdüsten Pulvers ist in Bild 2.4 unten links gezeigt [N.N.13]. Bei der Verdüsung kann das Pulver bereits in der für das Bauteil gewünschten Legierungszusammensetzung hergestellt werden.

Weitere Legierungsbestandteile, grafitförmiger Kohlenstoff und ggf. Schmiermittel werden dem Basispulver in Pulverform beigemischt. Eine gründliche Durchmischung ist notwendig, da die Prozesskette und die Eigenschaften des gefertigten Bauteils von der Homogenität des Pulvers abhängen. Die Homogenität der Pulvermischung kann durch Anlegieren der Bestandteile aneinander (z. B. mittels Diffusion) oder Beschichten des Basispulvers mit der Legierungskomponente erhöht werden. Die REM-Aufnahme eines diffusionslegierten Pulvers ist in Bild 2.4 unten gezeigt (2. von links) [N.N.13]. Durch Anlegieren oder Beschichten ändern sich die Eigenschaften des Pulvers hinsichtlich der Verarbeitbarkeit. [SCHA07, ANGE08]

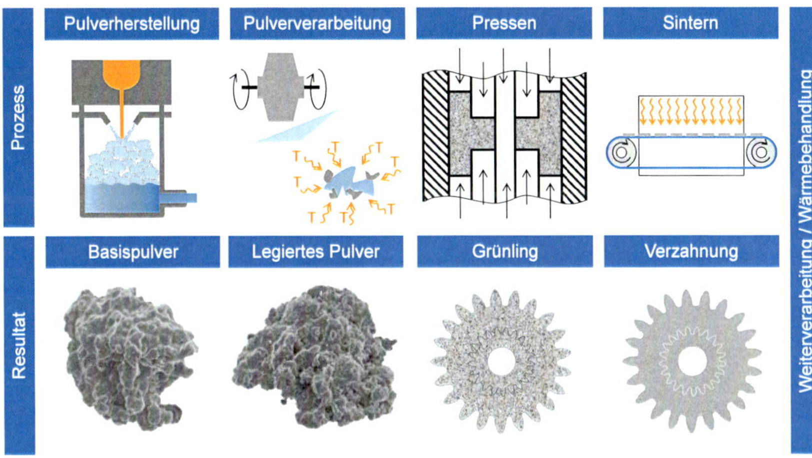

Bild 2.4: Prozesskette zur Herstellung von pulvermetallurgischen Zahnrädern (Bildquelle: Pulverpartikel [N.N.13]; Zahnrad [KAUF13])

Process chain for production of powder metallurgical gears

Um pulvermetallurgische Zahnräder herzustellen, wird die Pulvermischung in eine verzahnte Matrize gefüllt. Die Mischung wird unter hohem Druck über Stempel uniaxial verdichtet. Während des Pressvorgangs werden die Pulverpartikel verformt und dabei kaltverfestigt. Weiterhin nimmt der Porenraum ab. Durch beide Mechanismen steigt der Verformungswiderstand gegen weitere Verdichtung. Wird dem Pulver Schmiermittel beigemischt, behindert auch das Schmiermittel eine vollständige Verdichtung des Stahls, da die verbleibenden Poren mit diesem gefüllt sind. Aufgrund dieser Mechanismen verbleiben Poren im Werkstück. Somit hat das entstehende Zahnrad eine geringere Dichte als Zahnräder aus schmelzmetallurgischem Stahl. [ANGE08]

Nach dem Pressen wird aus dem Presswerkzeug der Grünling ausgestoßen. Zu diesem Zeitpunkt wird die Form allein durch die lokale Verschweißungen und Verhaken der Pulverpartikel sichergestellt, die durch die Umformung im Presswerkzeug gebildet wird [GERM98]. Um ein Bauteil aus dem Grünling zu erhalten, müssen die Partikel sich dauerhaft verbinden. Dies wird durch Diffusion beim Sintern erreicht.

Der Grünling wird in einem Ofen bei hohen Temperaturen gesintert. Das Sintern ist eine Wärmebehandlung, bei der Pulverpartikel durch Diffusion verbunden und Poren reduziert werden [ILSC10]. Der Haupttreiber des Sintervorganges ist die durch die

Abnahme der Grenzfläche mögliche Energieeinsparung [ILSC10]. Die Sintertemperatur liegt unterhalb der Schmelztemperatur des Materials bzw. eines Bestandteils der Pulvermischung. Beim Sintern von Zahnrädern sind i. A. alle Legierungskomponenten in fester Phase. Dabei verbinden sich die Partikel durch Diffusion. Um die Verbindung der Partikel zu erhalten, sind hohe Temperaturen und im Vergleich zum Flüssigphasensintern lange Sinterzeiten notwendig. [ILSC10, SCHA07]

Um den oberflächennahen Verschleiß zu reduzieren und gleichzeitig eine hohe Zähigkeit zu erreichen, werden Zahnräder oft einsatzgehärtet. Dabei wird die Randzone bei hohen Temperaturen, die unterhalb der Sintertemperatur liegen, aufgekohlt, um eine hohe Randhärte zu erzielen. Anschließend werden die Zahnräder abgeschreckt und ggf. angelassen, um Härte und Sprödigkeit zu reduzieren. Beim Einsatzhärten führen Poren zu einer geringeren thermischen Leitfähigkeit des Materials und damit zu einer geringeren Abschreckgeschwindigkeit im Vergleich zum porenfreien Zustand. Die Poren führen auch dazu, dass die Kohlenstoffatmosphäre weniger durch Diffusion, sondern über Porennetzwerke in das Bauteil eindringt. [GIES10, GERM98, DANN05]

Die verbleibenden Poren sind Fehlstellen im Material und verringern die Festigkeit gegenüber vergleichbaren, dichten Materialien. Die Festigkeitseigenschaften, aber auch weitere Materialeigenschaften lassen sich mit den Gleichungen von Beiss beschreiben [BEIS03].

Gleichung (2-1) beschreibt die meisten Materialeigenschaften, wie E-Modul, Zugfestigkeit und Risszähigkeit.

$$\frac{P_P}{P_{PF}} = \left(\frac{\rho_P}{\rho_{PF}}\right)^{m_D} \tag{2-1}$$

P_P	[-]	Materialeigenschaft im porösen Zustand	ρ_P	[g/cm^3]	Dichte im porösen Zustand
P_{PF}	[-]	Materialeigenschaft im porenfreien Zustand	ρ_{PF}	[g/cm^3]	Dichte im porenfreien Zustand
m_D	[-]	Materialkonstante			

Für die Querkontraktionszahl gibt Beiss die Gleichung (2-2) an:

$$\frac{1+\nu_P}{1+\nu_{PF}} = \left(\frac{\rho_P}{\rho_{PF}}\right)^{q_D} \tag{2-2}$$

ν_P	[-]	Querkontraktionszahl im porösen Zustand	ρ_P	[g/cm^3]	Dichte im porösen Zustand
ν_{PF}	[-]	Querkontraktionszahl im porenfreien Zustand	ρ_{PF}	[g/cm^3]	Dichte im porenfreien Zustand
q_D	[-]	Materialkonstante			

Die Materialkonstanten m_D und q_D sind empirisch zu ermitteln. Die Gleichungen zeigen eine starke exponentielle Abhängigkeit der Materialeigenschaften von der relativen Dichte und damit von der Porosität. Dies weist darauf hin, wie wichtig eine hohe Dichte für die Festigkeit ist.

Die pulvermetallurgische Herstellung weist einige Vorteile im Vergleich zu anderen in Bild 2.3 gezeigten Herstellungsverfahren auf. Sie erlaubt die Realisierung von Bauteilen mit gezielter Porosität und mit lokal oder global bis zu 100% theoretischer Dichte. Dadurch ist bei Zahnrädern eine Gewichtsreduktion bis zu ca. 10 % möglich. Außerdem können viele Materialkombinationen flexibel hergestellt werden [ESPE96]. Das betrifft zum Beispiel die Herstellung von Hartmetallrohlingen, in denen Kobalt und Wolframcarbid mit ihren stark unterschiedlichen Schmelztemperaturen kombiniert werden sollen. Für Zahnräder ist hier vor allem die Flexibilität der Legierungszusammensetzung relevant. Weiterhin kann in einem Bearbeitungsschritt aus dem Pulver eine komplexe Geometrie endkonturnah hergestellt werden. Damit wird nur das Material genutzt, das für das Werkstück notwendig ist. Der Hauptnachteil der pulvermetallurgischen Fertigung ist die oben genannte reduzierte Festigkeit. Weiterhin sind die Investitionskosten vergleichsweise hoch, da Pressen, Werkzeuge und Sinteröfen sehr teuer sind. Die Prozesskette der pulvermetallurgischen Fertigung ist gegenüber der spanenden Fertigung vorteilhaft, sobald Zahnräder einer Geometrie in Großserie gefertigt werden. Bei gleichem Gewicht ist Einsatzstahl aus Pulver teurer als aus Stangenmaterial. Dieser Nachteil wird jedoch durch den geringeren Materialbedarf und die Kosteneinsparung in der Fertigung, die durch effiziente Prozesse und die Umlagerung der Investitionskosten auf die hohen Stückzahlen der Großserie entsteht, kompensiert. Dies zeigen die Rechnungen von STREHL von 2012. [BEHR10, STRE12]

2.3 Oberflächennahe Verdichtung

Densification near the Surface

Ein wichtiger Grund, der den flächendeckenden Einsatz der pulvermetallurgischen Prozesskette zur Zahnradherstellung bisher verhindert, ist die geringe Festigkeit im Vergleich zu konventionell hergestellten Zahnrädern aufgrund der Restporosität. Um den Nachteil der geringeren Festigkeit auszugleichen, kann die Prozesskette durch Verfahren zur weiteren Verdichtung ergänzt werden. Dazu stehen Verfahren zur Verfügung, die entweder das gesamte Bauteil verdichten, z. B. erneutes Pressen nach dem Sintern, oder Verfahren, die lokal die Oberfläche verdichten, z. B. Walzen der Oberfläche.

In Kapitel 2.1 wurde gezeigt, dass die höchsten Belastungen am Zahnrad oberflächennah auftreten. Das bedeutet, dass die Festigkeit und damit, wie auch in Kapitel 2.2 gezeigt wurde, die Verdichtung vor allem oberflächennah benötigt wird [FLOD13]. Der Aufwand zur Verdichtung und damit zur Umformung des gesamten Bauteils ist gegenüber einer lokalen Verdichtung erheblich. Für oberflächenbelastete Bauteile werden daher oft lokale Verdichtungsverfahren eingesetzt.

Die Steigerung der Festigkeit durch die oberflächennahe Verdichtung wird in **Bild 2.5** verdeutlicht [HAJE14, KOTT03, STRE97]. Dargestellt ist die im Rollenversuch ermittelte Dauerwälzfestigkeit über der Dichte am Rand. Beide Größen sind bezogen auf eine Referenz im volldichten Zustand aus 16MnCr5. Die unterschiedlichen Randdichten sind durch die unterschiedlichen Herstellungsarten bedingt. Anhand der Legende sind die globalen und die lokalen Verdichtungsverfahren zu identifizieren. Je höher die relative Dichte am Rand, desto höher ist auch die erreichte Wälzfestigkeit. Bei den dichtgewalzten Rollen wurden verschiedene Verdichtungstiefen Δt_D untersucht. Die dichtgewalzten Bauteile mit der höchsten Verdichtungstiefe erreichen die höchste Festigkeit: Mit den dichtgewalzten Rollen wird eine vergleichbare Festigkeit zu Referenzbauteilen aus 16MnCr5 erreicht. Studien zeigen hinsichtlich der Zahnfußfestigkeit auch einen Einfluss der Kerndichte [FORD04, KOTT14].

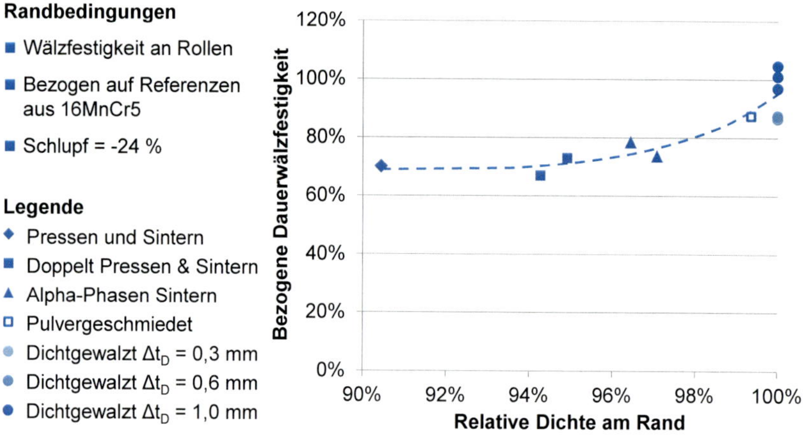

Bild 2.5: Wälzfestigkeit in Abhängigkeit von der relativen Dichte am Rand [KOTT03, KAUF13]

Rolling strength in dependence to relative density at the surface

Um Bauteile oberflächennah zu verdichten, können verschiedene Verfahren eingesetzt werden. Zur Verdichtung der Oberfläche muss dort durch das Verfahren ein Druck aufgebracht werden, der über der Fließgrenze des Materials liegt, sodass das Material normal zur Oberfläche fließt und an der Oberfläche zu einer Verdichtung führt. Übliche Verfahren sind Kugelstrahlen, Fließpressen und Dichtwalzen im Außenquerwalzprozess.

Beim Kugelstrahlen erfolgt die Verdichtung durch die Umwandlung eines Teils der kinetischen Energie des Strahlmaterials in plastische Umformarbeit beim Auftreffen auf die Werkstückoberfläche. Der Vorteil des Verfahrens ist seine hohe Flexibilität, da die Anlage ohne Weiteres für verschiedenste Werkstückgeometrien einsetzbar ist [MOLI11]. Allerdings sind die Verdichtungstiefen meist relativ gering, mit üblichen Werten von 0,05 mm [MOLI11] bis zu 0,15 mm [DIZD12] und Maximalwerten von 0,3 mm [SARI99]. Die Ergebnisse von DIZDAR [DIZD12] zeigen, dass die Verdichtungstiefe von nur gestrahlten im Gegensatz zu zusätzlich gewalzten Rädern deutlich reduziert ist. Bezüglich der durch Strahlen erzielten Rauheit widersprechen sich die

Ergebnisse in der Literatur. DIZDAR [DIZD12] beschreibt die Oberfläche als rau und vergleicht die Oberflächenstruktur mit der von Orangen. MOLINARI [MOLI11] dagegen beschreibt die Verbesserung der Oberflächengüte durch Strahlen aufgrund der verminderten Offenporigkeit der Oberfläche. Ob eine Verbesserung oder Verschlechterung der Oberfläche erfolgt, hängt von der Dichte sowie der Strahlintensität ab: Solange offene Poren an der Oberfläche geschlossen werden, verringert sich die Rauheit. Sobald jedoch eine Mindestverdichtung erreicht ist und weitere Verdichtung behindert wird, führt die Strahlbehandlung ausschließlich zu einer weiteren mechanischen Belastung der Oberfläche bis hin zur Zerrüttung [SARI99]. Sofern keine Wärmebehandlung auf die Verdichtung folgt, wird die Festigkeitssteigerung infolge Kaltverfestigung als weiterer Vorteil genannt [SCHU03].

Das Verdichten durch Fließpressen ist als DensiForm®-E der Firma PMG bekannt und patentiert [RILE05, TRAS06, WOOL01]. Dabei wird das Werkstück durch eine zulaufende Matrize gepresst und durch den abnehmenden Querschnitt verdichtet. Das Verfahren ist im Vergleich zum Strahlen kostenintensiv und wenig flexibel, da eine Fließpressmatrize für jede Werkstückgeometrie ausgelegt werden muss. SIGL ET. AL. haben Versuche mit Zahnrädern durchgeführt, die zur Dichteerhöhung gewalzt oder gepresst wurden. Dabei zeigt sich eine ähnliche Verdichtungstiefe bei 98 % relativer Dichte von 0,2 - 0,3 mm, allerdings konnte bei den gewalzten Rädern eine deutlich höhere Randdichte erreicht werden [NIGA07, SIGL07]. Durch die beim Pressvorgang wirkende Reibung erfolgt eine Verformung des Bauteils in Achsenrichtung, die zu einer Gratbildung oder auch zur Ausbildung von Oberflächendefekten führt [SALA05, SIGL07].

Beim Dichtwalzen wird das pulvermetallurgische Zahnrad von zwei zahnradförmigen Werkzeugen verdichtet. Durch den Kontakt der Werkzeug- mit den Werkstückflanken und dem gleichzeitig abnehmenden Achsabstand der Werkzeugzahnräder wird eine lokale Pressung auf die Werkstückoberfläche appliziert, die zu einer Verdichtung des Werkstücks führt. Das Verfahren ist aufgrund der geringeren Maschinenkosten einer Walzmaschine im Vergleich zu einer Presse günstig. Allerdings muss auch hier im Regelfall für jedes Werkstück ein passendes Walzwerkzeugpaar hergestellt werden. Die Verdichtungstiefe liegt in einer Größenordnung von 0,3 - 0,5 mm [SIGL07, SIGL04]. Die erreichte Qualität geben SIGL ET. AL. mit Verzahnungsqualität 8 an [SIGL04]. Die Oberflächenrauheit liegt bei S_a < 0,4 µm, die gemittelte Rautiefe bei R_z = 1 - 2 µm [BENG01, KAUF13, KOTT03, SIGL04]. Solch geringe Rauheiten, die sich positiv auf die Tragfähigkeit auswirken, lassen sich aktuell in der industriellen Anwendung nur durch Schleifen mit kunststoffgebundenen Schleifscheiben erzeugen [KOLL13, HEIN13].

2.4 Dichtwalzen im Außenquerwalzprozess

Densification Rolling by External Transverse Rolling

Das Dichtwalzen im Außenquerwalzprozess eignet sich aufgrund der positiven, fertigungsbezogenen Produkteigenschaften tiefer Verdichtung und geringer Rauheit sowie der vergleichsweise geringen Kosten in der Fertigung sehr gut für die serienmäßige Verdichtung von Zahnrädern. Daher wird im Folgenden der Fokus auf das Dichtwalzen im Außenquerwalzprozess gelegt.

2.4.1 Verfahren

Process

Das Dichtwalzen im Außenquerwalzprozess kann mit einer unterschiedlichen Anzahl und Form von Werkzeugen erfolgen; es werden jedoch zumeist zwei stirnradförmige Walzwerkzeuge verwendet [KLOC05, NEUG07, FELT08, TAKE03]. In **Bild 2.6** ist dieses Konzept dargestellt. Die Werkzeuge sind rotatorisch angetrieben und treiben das Werkstück an. Der Achsabstand der Werkzeuge wird im Prozess verringert. Dadurch werden die Werkzeuge auf das Werkstück zugestellt und erhöhen die Pressung, wodurch, ab Überschreiten der Fließgrenze, die Verdichtung erfolgt. Verdichtet wird dabei ein Aufmaß des Walzrohlings gegenüber der Soll-Geometrie des Zahnrads. Nach Erreichen der maximalen Zustellung wird der Prozess bei konstantem Achsabstand weitergeführt. Dieser Prozessabschnitt wird Kalibrieren genannt. Oft wird der Kalibriervorgang durch Reversieren der Werkzeugdrehrichtung überlagert. Dabei wird die Zustellung vor dem Drehrichtungswechsel kurz zurückgenommen, um Belastungsüberhöhungen beim Reversieren zu vermeiden. Durch Kalibrieren und Reversieren wird eine gleichmäßige und symmetrische Geometrie und Verdichtung erreicht [KAUF13].

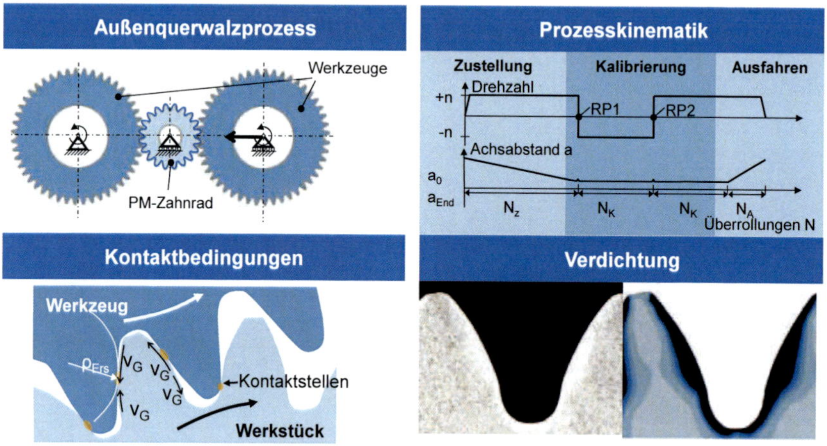

Bild 2.6: Dichtwalzen im Außenquerwalzprozess [KAUF13]
Densification rolling by external transverse rolling

Beim Dichtwalzen liegt an den Flanken eine vergleichbare Kinematik wie bei kämmenden Zahnrädern vor, vgl. Bild 2.6. Dabei kommt es allerdings, im Gegensatz zu den kämmenden Zahnrädern, zu Kontakt an Zahnfuß und Zahnkopf sowie zu zweiflankigem Kontakt. Auf der Flanke liegt der Wälzkreis, also der Durchmesser, auf dem die Gleitgeschwindigkeit zu null wird. Die Lage des Wälzkreises hängt von der Zustellung ab und verschiebt sich daher über den Prozessfortschritt zum Fuß hin. Ober- und unterhalb dieses Bereichs liegt, ähnlich wie im konventionellen Zahnkontakt, eine veränderliche Gleitgeschwindigkeit in Zahnhöhenrichtung vor. Durch den Kontakt an Zahnfuß und Zahnkopf kommt es auch außerhalb des evolventischen Bereichs zu Gleiten [KAUF13].

Die Verdichtung ist in Bild 2.6 im Gefügeschliff dargestellt. Die dunklen Stellen sind Poren, die hellen Stahl. Deutlich ist die oberflächennahe Verdichtung zu erkennen, die insbesondere im mittleren Flankenbereich stark ausgeprägt ist. Die Ausprägung der Verdichtung ist von verschiedenen Einflussparametern abhängig. Dazu gehören u. a. Aufmaß, Kontaktradius, Prozesseingangsdichte, Kohlenstoffgehalt und Überrollungszahl [KAUF13].

2.4.2 Qualitätsmerkmale

Quality Features

Beim Walzen pulvermetallurgisch gefertigter Zahnrädern treten, wie auch bei anderen Fertigungsverfahren, prozessspezifische Fertigungsfehler auf. Dazu gehören beim Dichtwalzen Verdichtungsdefizite, Formabweichungen und Oberflächendefekte. [KAUF13]

Ein Verdichtungsdefizit liegt vor, sofern in hochbelasteten Bereichen eine zu geringe Verdichtung herrscht, als dass die Festigkeitsanforderungen erreicht werden können. Dies kann zum Ausfall der Verzahnung führen. Als quantifizierbare Größe zieht KAUFFMANN die Verdichtungstiefe heran. Die Verdichtungstiefe Δt_{Di} liegt bei der Tiefe vor, bei der die relative Dichte i unterschritten wird. Das bedeutet, dass die Verdichtungstiefe Δt_{D98} die Tiefe beschreibt, bis zu der eine relative Dichte von 98 % vorliegt. [KAUF13]

Die Beeinflussbarkeit der Verdichtung im Bereich der Zahnflanke hat KAUFFMANN mithilfe der FE-Simulation untersucht. KAUFFMANN untersuchte die Verdichtung, die beim Walzen mit einem konstanten Aufmaß Δr des Walzrohlings gegenüber der Zielgeometrie entsteht, vgl. **Bild 2.7** oben. Dabei zeigte sich, dass die resultierende Verdichtungstiefe Δt_d‘ über der Eingriffstrecke $g_{\alpha y}$ nicht konstant ist, sondern dass in Höhe des Wälzkreises ($g_{\alpha y}$ = 0 mm) die maximale Verdichtungstiefe vorliegt und diese zum Kopf und zum Fuß des Zahnrads geringer wird. Ein ähnliches Verhalten zeigt betragsmäßig die Gleitgeschwindigkeit. Daraus folgerte KAUFFMANN eine Abhängigkeit der Verdichtung von der Gleitgeschwindigkeit. Eine entsprechende Anpassung des Walzaufmaßes in Abhängigkeit von der lokalen Gleitgeschwindigkeit, vgl. Bild 2.7 unten links, angenähert nach DIN 3960, führt zu einer gleichmäßigeren Verdichtung, vgl. Bild 2.7 unten, [DIN87b]. Allerdings liegt auch bei dieser Anpassung keine konstante Verdichtungstiefe vor. Bisher sind die weiteren Prozessgrößen neben Aufmaß und Gleitgeschwindigkeit nicht ausreichend untersucht. Weiterhin ist die Beeinflussbarkeit der Verdichtung des Zahnfußes und damit des Materialflusses in diesem Bereich unklar. [KAUF13]

Gegenüber der idealen Evolvente weisen dichtgewalzte Zahnräder, wie auch konventionell hergestellte Zahnräder, Abweichungen beispielsweise in Form von Profil- oder Flankenabweichungen auf. Durch das Dichtwalzen nimmt der Kopfkreisdurchmesser vom Rohling zum gewalzten Bauteil zu [KAUF13, YAZI08, FELT08]. Bei mangelhafter Auslegung des Walzrohlings kann das zu Abweichungen von der Auslegung führen.

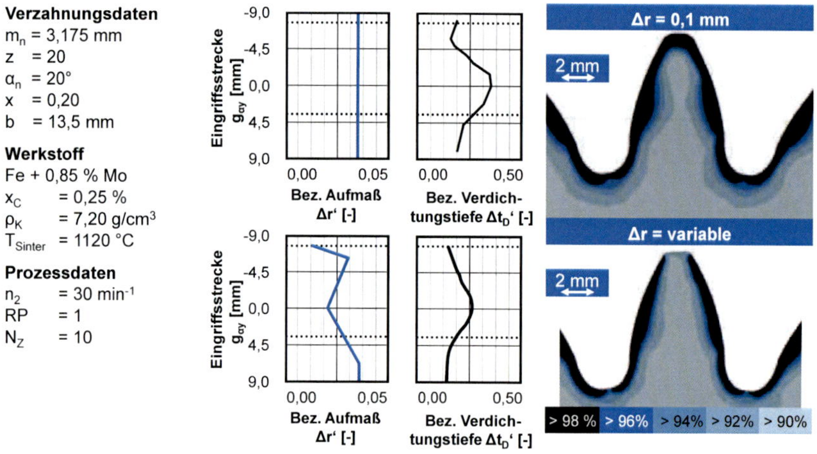

Bild 2.7: Änderung der Verdichtung bei Anpassung des Aufmaßverlaufs [KAUF13]

Change of densification by adaption of stock distribution

Profilabweichungen beim Dichtwalzen sind üblicherweise S-förmig ausgebildet. Durch die Profilabweichungen kann es zu einer Belastungsüberhöhung und zu erhöhtem Drehfehler kommen. Wird diese Abweichung im Prozess nicht vermieden, ist sie durch spätere, spanende Hartfeinbearbeitung zu beheben. KAUFFMANN schlägt zur Kompensation der Profilabweichung eine Korrektur des Profils des Walzwerkzeugs vor. Dazu wird die Profilabweichung im Vergleich zur Evolvente gemessen und die Abweichung gespiegelt auf das Profil des Walzwerkzeugs übertragen [KAUF13]. Die einmalige Durchführung dieses Prozesses zeigt bereits einen Gewinn in der Profilqualität. Eine deutliche Verbesserung des Profils wird jedoch am ehesten durch mehrmalige Wiederholung dieser Kompensationsprozedur erreicht.

Bild 2.8 zeigt Profilmessschriebe gewalzter Zahnräder, die mit einem unkorrigierten Walzwerkzeug (links) und mit einem mehrfach korrigierten Werkzeug bearbeitet wurden. Optisch ist die qualitative Verbesserung bereits eindeutig erkennbar. Durch die Korrektur wird eine Verbesserung der Qualität nach DIN 3962 von Qualitätsstufe 11 auf Qualitätsstufe 7 erreicht [DIN78]. Die Notwendigkeit der iterativen Herangehensweise zur Qualitätserreichung zeigt, dass der Materialfluss über die Korrektur nicht vollständig gesteuert werden kann, da dieser bisher nicht ausreichend verstanden wurde.

Oberflächendefekte treten in Form von zungenförmigen Materialüberlappungen im Zahnfuß- und im Kopfbereich auf. Zungenförmige Materialüberlappungen treten auch in anderen Bereichen der Umformtechnik auf und werden dort Überwalzungen genannt, weswegen diese Bezeichnung auch im Folgenden verwendet wird [BARG08, TIED07]. Die Folgen dieser Defekte sind eine optische Beeinträchtigung der Bauteile und eine Kontamination des Walzöls sowie des Getriebeöls im Einsatz, wenn sich die Materialzungen ablösen [KAUF13].

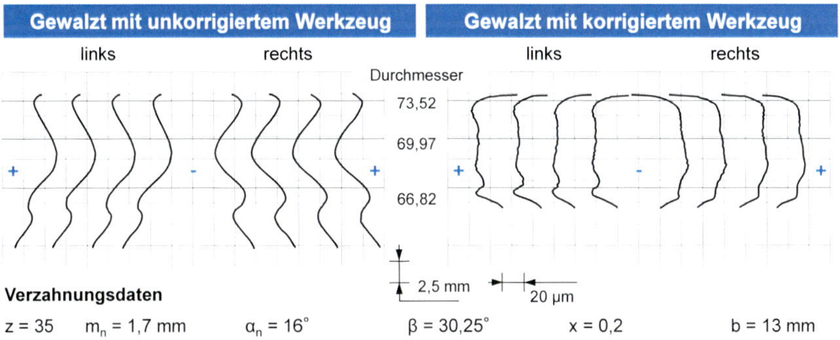

Bild 2.8: Profilmessschriebe gewalzter PM-Zahnräder. Nach [KLOC11, KLOC12]

Profile measurements of rolled PM gears

Bild 2.9 zeigt die Verformung des Gefüges eines gewalzten Zahnrads. Im Bereich des Wälzkreises (Bereich 3) ist das Gefüge nur sehr gering in Zahnhöhenrichtung verformt. Am Zahnfuß (Bereich 5) und am Zahnkopf (Bereich 1) hingegen zeigt sich eine deutliche Verformung der Gefügestruktur, bis hin zu Oberflächendefekten außerhalb des Fußformkreises. KAUFFMANN beschreibt die Defekte mit einer üblichen Stärke von 10 µm. Meistens seien sie zur Oberfläche offen, könnten jedoch auch mit der Oberfläche verschweißt sein. Im Bereich der Fußausrundung liegen oft mehrere Überwalzungen übereinander.

Die Entstehung von Überwalzungen erklärt KAUFFMANN durch eine Wulstbildung zwischen Rohling und Werkzeug. Ist das Abfließen des Werkstoffs behindert und erreicht die Wulst damit eine kritische Größe, wird das Material in Zungen übereinander geschoben [KAUF13]. Dieses Erklärungsmodell ist bisher nicht durch Untersuchungen bestätigt und die Beeinflussbarkeit dieses tangentialen Fließens ist bisher nicht bekannt.

Alle drei Hauptqualitätsmerkmale dichtgewalzter Zahnräder (die Verdichtung, die Profilabweichung und die Gefügedeformation) sind von der Ausprägung des Materialflusses abhängig. KAUFFMANN zeigt, dass durch eine iterative Vorgehensweise eine Verbesserung von Verdichtung und Profilabweichung möglich wird. Jedoch ist die Ursache der Hauptqualitätsmerkmale, der Materialfluss und seine Beeinflussbarkeit bisher nicht ausreichend verstanden. Daher ist nicht klar, wie die Qualitätsmerkmale, über eine iterative Aufmaßauslegung und Werkzeugkorrektur hinaus, gezielt verbessert werden können. [KAUF13]

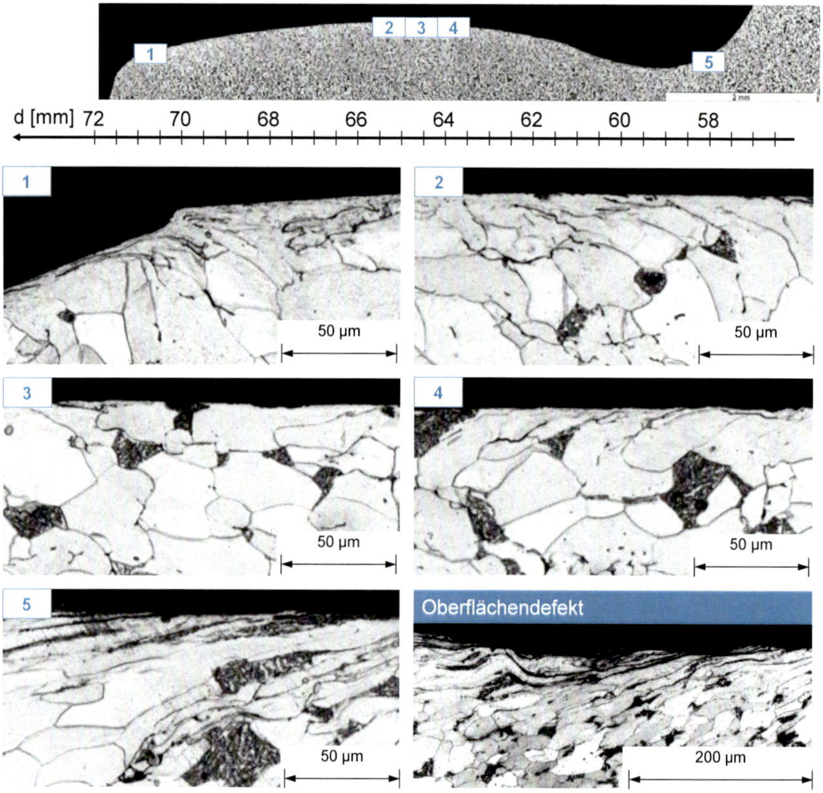

Bild 2.9: Oberflächennahes Gefüge im Schliffbild. Nach [KAUF13]
Surface near micro structure in a metallographic cut

2.4.3 Überwalzungen bei anderen Umformverfahren

Overlaps in Other Deforming Technologies

Das Dichtwalzen unterscheidet sich von vielen industriell angewendeten Umformtechnologien durch die fehlende Gültigkeit der Volumenkonstanz. Aufgrund der Verdichtbarkeit poröser Werkstoffe ist die Massenkonstanz anzuwenden. Hinsichtlich der Verdichtung kann daher nicht auf die Erkenntnisse anderer Verfahren zurückgegriffen werden. Sobald die Oberfläche jedoch verdichtet ist, wird sich das Material ähnlich wie bei konventionellen Umformverfahren verhalten.

Überwalzungen, wie sie beim Dichtwalzen auftreten, werden auch bei anderen Umformverfahren beobachtet. In **Bild 2.10** sind zwei Beispiele für Überwalzungen in der Umformtechnik gezeigt. So sind beim Ziehen von Stahldraht und beim Stabwalzen Überwalzungen dokumentiert.

Als Gründe für Überwalzungen werden falsche Werkzeugausrichtung, Werkzeugauslegung und Temperaturführung angeführt. Durch diese Prozessfehler tritt überschüssiges Material am Walzwerkzeug als Wulst aus und wird im nächsten Walzschritt eingewalzt. Wird warmgewalzt, kommt zusätzlich hinzu, dass die Wulst durch das Temperaturgefälle zur Umgebung und das große Oberflächen-Volumenverhältnis stark abkühlt. Dadurch ist der Werkstoff der Wulst fester als das restliche Material und die Einwalzung in das weichere Material wird begünstigt. Insbesondere wenn zur Abkühlung noch eine Verzunderung hinzukommt, verschweißt das Material nicht und die Überwalzung bleibt als Materialtrennung und Fehlstelle im Werkstück zurück. [BAUD04, GRUE51, LANG88, LICK66, N.N.26]

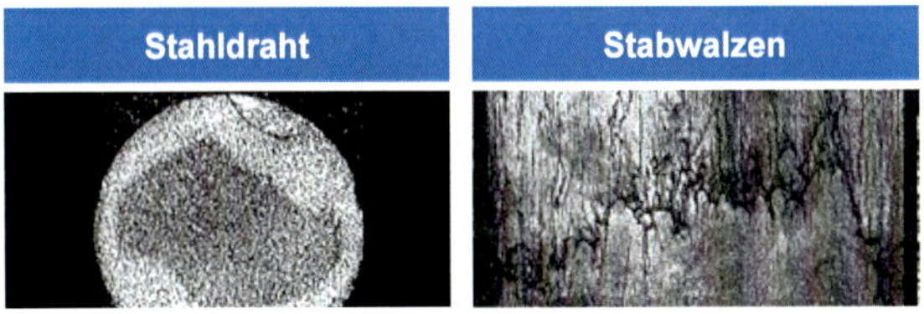

Bild 2.10: Überwalzungen in der Umformtechnik [GRUE51, POMP52]
Overlaps in deforming technology

DUDLEY berichtet von ähnlichen Phänomenen im Bereich des Walzens von gefrästen Zahnrädern. Dabei beschreibt DUDLEY bei Zahnrädern, die zu hart sind oder zu viel Aufmaß haben, wieder aufgewalzte Metallsplitter auf der Flanke insbesondere in der Nähe des Teilkreises. [DUDL94]

Beim Drückwalzen ist nicht nur das Auftreten, sondern auch die Bildung einer Wulst dokumentiert. Bei diesem Prozess wird ein Rohling auf einen Dorn gesteckt und von einer bis drei rotierenden Walzen in Achsrichtung des Dorns verformt mit dem Ziel der Wanddickenreduktion, vgl. **Bild 2.11**.

Die Umformung wird über die Materialauswahl, die Durchmesser von Walze und Dorn, die Drehrichtungen von Werkzeug und Werkstück, den Vorschub der Walzen und den Einlaufwinkel der Walze zum Werkstück beeinflusst. Weitere Prozessgrößen sind die Reibung zwischen Dorn und Werkstück sowie zwischen Walze und Werkstück, die Wanddickenabnahme je Umformschritt und die gesamte Wanddickenabnahme. [LANG88]

Die Wulstbildung wurde auf ihre Abhängigkeit von den o. g. Prozessgrößen untersucht. Dabei zeigt sich eine geringe Abhängigkeit vom Einlaufwinkel α, wobei ein größerer Einlaufwinkel zu einer größeren Wulst führt. Weiterhin erhöht ein größerer Vorschub die Größe der Wulst. Eine gute Schmierung verringert die Reibung zwischen Walze und Werkstück und vermindert die Wulstbildung, sodass keine kritische Größe der Wulst erreicht wird. Eine kritische Größe ist erreicht, wenn die Wulst nicht mehr ohne Fehlstellenbildung durch nachfolgende Schritte eingewalzt werden kann. Die Wahl des Werkstoffs hat eine entscheidende Bedeutung, da weiche Werkstoffe eher zur Wulstbildung neigen. Die Werkstoffwahl beeinflusst daher auch die mögliche Wanddickenabnahme: Bei einem vorverfestigten Werkstoff kann die Wanddickenabnahme deutlich erhöht werden, ohne dass eine signifikante Wulstbildung auftritt. Generell führt eine Erhöhung der Wanddickenabnahme aber zu einer Erhöhung der Wulst. Wird mehrmals überrollt, kann daher im ersten Schritt mit einer geringen Wanddickenabnahme das Material vorverfestigt werden, um im zweiten Schritt die Wanddickenabnahme deutlich erhöhen zu können. [LANG88]

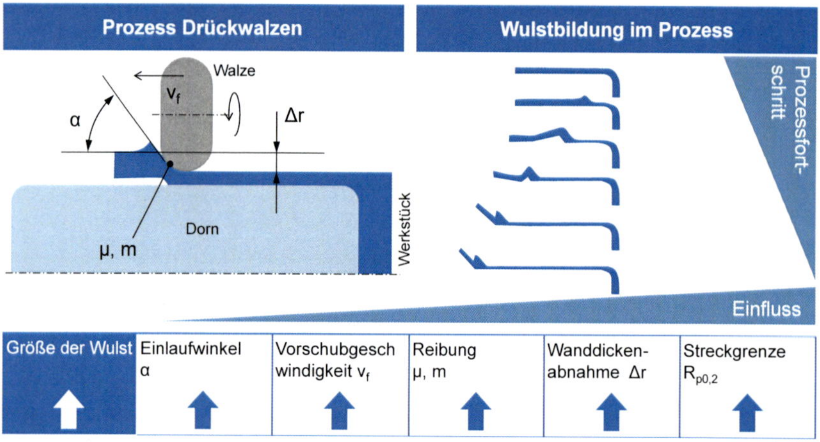

Bild 2.11: Wulstbildung beim Drückwalzen. Nach [LANG88]

Bulge formation in flow forming process

Die Erkenntnisse aus anderen Umformverfahren weisen darauf hin, dass der Materialfluss steuerbar ist und durch eine geschickte Prozessauslegung gezielt beeinflusst werden kann. Dabei ist insbesondere auf die Materialauswahl, die Werkzeugauslegung, die Zustellung und die Reibung zu achten.

2.5 Beschreibung des Materialverhaltens poröser Bauteile

Description of Material Behavior of Porous Parts

Wie auch im realen Prozess unterscheidet sich die FE-Simulation von konventionellen Umformverfahren von der FE-Simulation der Umformung poröser Bauteile durch die fehlende Volumenkonstanz, also durch die Kompressibilität der Werkstoffe. Zur Simulation des Fließverhaltens poröser Werkstoffe gibt es zwei wesentliche Herangehensweisen. Entweder werden die einzelnen Materialpartikel simuliert. Dieses

Vorgehen wird beispielsweise beim Füllen einer Matrize mit Pulver und beim Pulvertransfer in der Matrize sowie bei der Verdichtung bei sehr geringen Dichten verwendet [COUB05, FLEC92, MASU06]. Oder es wird angenommen, dass der Werkstoff ein uniformes Verhalten hat und sich die Porosität im Fließverhalten abbildet [LEMA05]. Fließen beginnt, wenn der vorliegende Spannungszustand zu einer Überschreitung der Fließgrenze führt. Das gilt für volldichte und poröse Werkstoffe gleichermaßen. Allerdings gehen in die Fließbedingung für poröse Werkstoffe auch die hydrostatischen Spannungsanteile ein, die bei gegebener Volumenkonstanz irrelevant sind. Dieses Vorgehen wird bei der Verdichtung nach dem Sintern oder beim Pressen bei höheren Dichten angewandt. Daher wurde für diese Arbeit die zweite Herangehensweise ausgewählt. Diese Herangehensweise wurde auch in anderen vergleichbaren Arbeiten verwendet, in denen die Verdichtung simuliert ist [KAUF13, DOEG03, YAZI08, COUB05, PART00].

Zur Beschreibung des Einflusses des hydrostatischen Spannungszustands auf das Materialverhalten gibt es Modelle von u.a. GURSON, TVERGAARD und NEEDLEMAN sowie DRUCKER und PRAGER. Die Modelle wurden nicht für den Anwendungsfall der porösen Metalle entwickelt, sondern für die Schädigungsentwicklung in der Strukturmechanik oder für das konstitutive Verhalten von geologischen Materialien.

DRUCKER und PRAGER haben in ihrem Modell die Bodenmechanik mit Gleichung (2-3) beschrieben [DRUC52]:

$$\alpha_D \sigma_h + \sigma_v - k_D = 0 \tag{2-3}$$

σ_v	[MPa]	deviatorischer Spannungsanteil (Vergleichsspannung)	α_D	[-]	Materialabhängige Konstante
σ_h	[MPa]	Hydrostatischer Spannungsanteil	k_D	[MPa]	Materialabhängige Konstante

Ein weitverbreitetes Modell ist das von TVERGAARD und NEEDLEMAN erweitere Modell von GURSON, das ebenfalls zur Beschreibung der Schädigungsentwicklung in der Strukturmechanik entwickelt wurde, vgl. Gleichung (2-4) [GURS75, NEED89]:

$$\Phi = \left(\frac{\sigma_v}{k_f}\right)^2 + 2q_1(1-\rho_{rel})\cosh\left(\frac{3}{2}q_2\frac{\sigma_h}{k_f}\right) - (1+q_3(1-\rho_{rel})^2) = 0 \tag{2-4}$$

σ_v	[MPa]	deviatorischer Spannungsanteil (Vergleichsspannung)	k_f	[MPa]	Fließspannung
σ_h	[MPa]	Hydrostatischer Spannungsanteil	ρ_{rel}	[-]	Relative Dichte
q_i	[-]	Tvergaard Parameter	Φ	[-]	Fließfunktion

Durch die drei q-Parameter, die von TVERGAARD und NEEDLEMAN eingeführt wurden, lässt sich die Formel vergleichsweise einfach auf den Anwendungsfall anpassen.

Da in den vielen Anwendungsfällen nicht nur sphärische Fehlstellen vorliegen, wurde Gleichung (2-4) von GOLOGANU und LEBLOND ergänzt, sodass auch ellipsoide Fehlstellen im Modell berücksichtigt werden [GOLO93]. Die Änderung der Gleichung ist von der Form der Poren und der Porosität abhängig. Im Fall von sphärischen Fehlstellen nimmt die Gleichung die Form von Gleichung (2-4) an.

KOBAYASHI ET. AL. [KOBA89] haben verschiedene Arbeiten zum Materialverhalten poröser Werkstoffe zusammengetragen. Daraus ergab sich die folgende Form:

$$k_{f(\rho)}^2 = \delta^2 \cdot k_{f(\rho=1)}^2 = A_D \sigma_v^{\ 2} + (1 - A/3) \cdot \sigma_h^{\ 2} \tag{2-5}$$

mit $\delta = 2(1-\rho_{rel})^2 - 1$ und $A_D = 2 + (1-\rho_{rel})^2$.

σ_v	[MPa]	deviatorischer Spannungsanteil (Vergleichsspannung)	$k_{f(\rho)}$	[MPa]	Fließspannung bei relativer Dichte
σ_h	[MPa]	Hydrostatischer Spannungsanteil	$k_{f(\rho=1)}$	[MPa]	Fließspannung bei voller Dichte
δ	[-]	dichteabhängiger Faktor	A_D	[-]	dichteabhängiger Faktor
ρ_{rel}	[-]	Relative Dichte			

KAUFFMANN hat den Ansatz von KOBAYASHI ET. AL. verwendet. KAUFFMANN führte einen hydrostatischen Einflussfaktor β_D und einen dichteabhängigen Faktor δ ein, sowie Berechnungsansätze für diese. Das Modell von KAUFFMANN wird durch die folgenden Gleichungen beschrieben:

$$k_{f(\rho)}^2 = \delta^2 \cdot k_{f(\rho=1)}^2 = \sigma_v^{\ 2} + \beta_D \cdot \sigma_h^{\ 2} \tag{2-6}$$

σ_v	[MPa]	deviatorischer Spannungsanteil (Vergleichsspannung)	$k_{f(\rho)}$	[MPa]	Fließspannung bei relativer Dichte
σ_h	[MPa]	Hydrostatischer Spannungsanteil	$k_{f(\rho=1)}$	[MPa]	Fließspannung bei voller Dichte
δ	[-]	dichteabhängiger Faktor	β_D	[-]	Hydrostatischer Einflussfaktor

Die Formeln für die beiden Faktoren β_D und δ wurden in Stauchversuchen empirisch ermittelt. Dabei wurden die Kerndichte, der Kohlenstoffgehalt und der Umformgrad variiert. Diese Eingangsgrößen sind in der Formel berücksichtigt, die per Regressionsanalyse ermittelt wurde. [KAUF13]

2.6 Modellierung des Reibkontakts

Modeling of Friction Contact

Die Reibung beeinflusst alle umformtechnischen Zielgrößen [KOPP98]. Zur Beschreibung der Reibung zwischen aufeinander gleitenden Kontaktflächen gibt es verschiedene Modelle, die im Folgenden aufgezeigt werden. Aufgrund der Ähnlichkeit des Walzkontakts zum Zahnradkontakt werden neben Erkenntnissen aus dem Bereich der Umformung auch solche zur Reibung im Zahnradkontakt herangezogen.

2.6.1 Reibmodelle

Friction Models

Im Bereich geringer Normalspannungen kann die Reibungskraft oder die resultierende Spannung nach dem Amontons-Coulomb'schen Reibungsgesetz beschrieben werden [CZIC10], vgl. Gleichung (2-7).

Dabei ist die Reibschubspannung oder die Reibungskraft zwischen zwei Körpern proportional zu der wirkenden Normalspannung oder Normalkraft. Der Reibungskoeffizient μ liegt dabei zwischen null und eins, wobei null den reibungsfreien Zustand beschreibt.

$$|F_R| = \mu \cdot |F_N| \text{ oder } |\tau_R| = \mu \cdot |\sigma_N| \quad (2\text{-}7)$$

F_R	[N]	Reibungskraft	τ_R	[MPa]	Reibschubspannung
F_N	[N]	Normalkraft	σ_N	[MPa]	Normalspannung
μ	[-]	Reibungskoeffizient			

Die Reibschubspannung ist nach oben durch die Schubfließspannung begrenzt [SCHE83]. Der maximale Reibungskoeffizient ist daher die Relation von Schubfließspannung zu Normalspannung. Bei weiterem Anstieg der Normalspannung wird die Reibung durch das Scherreibungsgesetz beschrieben, vgl. Gleichung (2-8).

$$|\tau_R| = m \cdot k \quad (2\text{-}8)$$

Die Vereinfachung des Fließgesetzes nach VON MISES für den reinen Schubspannungszustand zeigt Gleichung (2-9):

$$k_f = \sqrt{3} \cdot k \text{ und damit gilt } |\tau_R| = m \cdot \frac{k_f}{\sqrt{3}} \quad (2\text{-}9)$$

τ_R	[MPa]	Reibschubspannung	k	[MPa]	Schubfließspannung
m	[-]	Reibfaktor	k_f	[MPa]	Fließspannung

Eine von OROWAN vorgeschlagene Kombination dieser Gesetze ist in **Bild 2.12** abgebildet [OROW43]. Als Grenzwert für die Anwendbarkeit wird ein Verhältnis von Kontaktnormalspannung zur Fließgrenze von größer 3 bzw. 4 [DOEG07, FERE04] genannt.

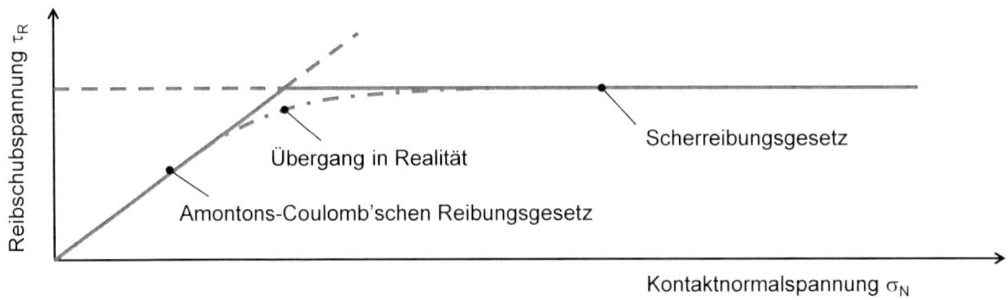

Bild 2.12: Reibung: Modelle und Realität
Friction: Models and Reality

Der Übergang zwischen den beiden Gesetzen zur Beschreibung der Reibung ist ein Knick im Verlauf der Reibschubspannung. In der Realität ist der Übergang fließend [KLOC05]. Daher wurden weitere Reibgesetze entwickelt, die den Übergang realitätsnah abbilden [SHAW63]. Da beim Dichtwalzen jedoch Verhältnisse von Fließspannung zu Normalspannungen oberhalb der angegebenen Grenze auftreten und daher das Scherreibungsgesetz Anwendung findet, werden diese hier nicht weiter erläutert.

2.6.2 Reibung im Zahnkontakt

Friction in Gear Contact

Der Kontakt von zwei Zahnflanken setzt sich aus einem rollenden Kontakt mit einer überlagerten Gleitbewegung zusammen, das heißt, es liegt ein Wälzkontakt vor. Dementsprechend liegt neben der Rollreibung auch Gleitreibung vor, die als Wälzreibung zusammengefasst werden. Allein beim Kontakt im Wälzpunkt wird die Gleitbewegung zu null und daher liegt dort theoretisch reine Rollreibung vor. Daher ist anzunehmen, dass sich die Reibung über der Eingriffstrecke ändert. Viele vorhandene Ansätze zur Berechnung der Reibung gehen von einem mittleren Reibungskoeffizienten aus, der die variable Gleit- und Summengeschwindigkeit über der Eingriffstrecke nicht berücksichtigt [OHLE58, EISE67, DIN87a, MICH87, SCHL95].

Zur Beschreibung der Reibung am Zahnrad wurde in zahlreichen Untersuchungen versucht, Modelle zur Beschreibung des lokalen Reibungskoeffizienten zu ermitteln. KELLY und LEMANSKI [KELL67] beschreiben den lokalen Reibungskoeffizienten u. a. in Anhängigkeit von Oberflächengüte, Normalkraft und Gleitgeschwindigkeit. Damit entwickelten KELLY und LEMANSKI ein Modell basierend auf zahlreichen Untersuchungen auf Zylinderrollenprüfständen. VAISHYA ET. AL. verallgemeinerten die Formel von KELLY und LEMANSKI zu Gleichung (2-10) [VAIS01]. Hier geht die Gleitgeschwindigkeit antiproportional in den Logarithmus ein, wodurch der Reibwert mit steigender Gleitgeschwindigkeit sinkt.

BENEDICT und KELLY zeigen bei weiteren Untersuchungen [BENE61] die Anwendbarkeit der empirischen Formel, wobei der Einfluss der Oberflächengüte mit $C_3 \cdot R_q = 0$ vernachlässigt ist und die Faktoren C_1 und C_2 gegenüber der ursprünglichen Veröffentlichung leicht verändert sind.

$$\mu = C_1 \frac{1}{1 - C_3 R_q} \log_{10}\left[\frac{C_2 w}{\eta_0 V_s V_t^2 \left(\rho_p + \rho_g\right)^2}\right] \tag{2-10}$$

μ	[-]	Reibungskoeffizient	R_q	[μin]	Oberflächenrauheit
C	[-]	Faktoren	w	[kg/in]	Bezogene Oberflächenlast
η	[Ns/m²]	Dynamische Viskosität	V_s	[in/s]	Gleitgeschwindigkeit
V_t	[in/s]	Summengeschwindigkeit	ρ	[in]	Lokale Radien

STÖßEL führte Versuche durch, bei denen er die Gleitreibung an Rollen untersuchte und folgende Zusammenhänge fand: Der Reibungskoeffizient steigt bei unterschiedlichen Summengeschwindigkeiten, Temperaturen, Ölen und Lasten mit der Gleitgeschwindigkeit. Bei hohen Gleitgeschwindigkeiten konvergiert der Reibungskoeffizient gegen einen Grenzwert. In einigen Fällen erreicht der Reibungskoeffizient im niedrigen Gleitgeschwindigkeitsbereich ein globales Maximum. [STÖß71]

WIMMER untersuchte die tribologischen Verhältnisse im Zahnkontakt an Rollen und an Zahnrädern [WIMM06]. WIMMER analysierte die Auswirkungen eines unterbrochenen Kontakts an geschlitzten Scheiben, um den Einfluss der Kontaktunterbrechung beim Zahnkontakt auf die Reibung herauszustellen. Bei kleinen Summengeschwindigkeiten treten große Unterschiede des über Messung des Verlustmoments experimentell ermittelten Reibwerts für geschlitzte Scheiben gegenüber dem kontinuierlichen Kontakt auf. Bei größerer Summengeschwindigkeit ist der Unterschied vernachlässigbar. WIMMER geht davon aus, dass bei Eingriffsbeginn ein starker Unterschied zwischen Scheiben- und Zahnradkontakt hinsichtlich des Reibwertes vorliegt, der später zu null wird.

Weiterhin untersuchte WIMMER die Schmierfilmausbildung im Zahnkontakt durch Messung des Übergangswiderstands an Zahnrädern. WIMMER verglich verschiedene Schmierungszustände. Da bei geschmierten Kontakten zeitweise der Übergangswiderstand ähnlich der trockenen Schmierung zu null wird, geht WIMMER davon aus, dass der Schmierfilm unstetig ist.

Als Modell für die Beschreibung der Reibung schlägt WIMMER den in **Bild 2.13** links dargestellten Verlauf vor. Der zu Beginn erhöhte Reibungskoeffizient am Anfang des Kontakts, wenn der Schmierfilm noch nicht ausgebildet ist, wird als konstant angenommen. Sobald der Schmierfilm ausgebildet wird, befindet sich der Reibungskoeffizient im Übergangsbereich. Am Wälzpunkt, an dem die Gleitgeschwindigkeit bzw. der Schlupf null ist, vgl. Bild 2.13 rechts, wird auch der Reibungskoeffizient zu null.

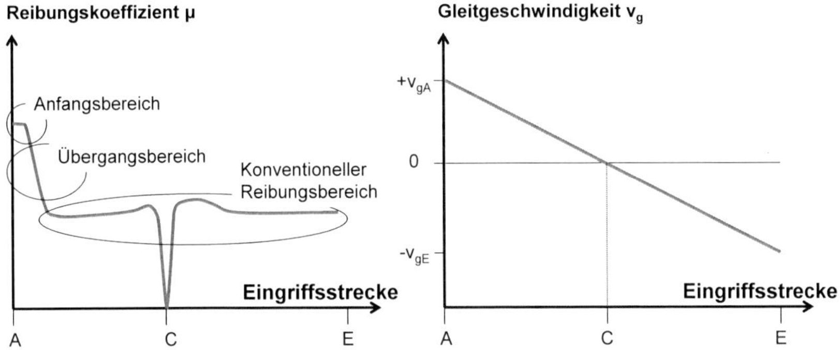

Bild 2.13: Reibungskoeffizient und Gleitgeschwindigkeit über der Eingriffstrecke. Links: [WIMM06]; rechts: [DIN87b]

Friction coefficient and sliding velocity along path of contact

Der Kontakt zwischen Werkzeug und Werkstück beim Dichtwalzen ist in weiten Bereichen vergleichbar mit dem Kontakt von zwei Zahnrädern. Die Reibungsmodelle für Zahnräder zeigen einen Einfluss der Gleitgeschwindigkeit in den Randbereichen, im überwiegenden Teil des Kontakts kann jedoch von einer nahezu konstanten Reibung ausgegangen werden.

2.6.3 Reibung beim Umformen

Friction in Deforming

In verschiedenen Arbeiten wurde der Einfluss der Reibung auf den Umformprozess untersucht. Beim Napfrückwärts-Fließpressen wurde von KLOCKE ET. AL. gezeigt, dass bei Bauteilen mit gleicher Napfhöhe der Materialfluss bei verschiedener Schmierung stark unterschiedlich ausfällt [KLOC05, KLOC02]. Dazu wurden über dem Radius markierte, zylindrische Proben umgeformt und die Lage der Markierungen für verschiedene Schmierungen dokumentiert. Dabei zeigt sich am Innenradius des Napfs, an dem die wesentliche Umformung stattfindet, eine unterschiedliche Lage der Markierungen. Je besser die Schmierung des Prozesses ist, desto weiter wird die Markierung in den Hohlzylinder des Napfes verschoben. HOERSTER untersuchte die Breitung beim Walzen experimentell [HOER90]. Dabei zeigt HOERSTER, dass die Breitung im ungeschmierten Prozess deutlich größer ist als bei geschmierten Proben. Dieser Unterschied wird verstärkt bei steigender Höhenabnahme des Walzguts. Die Abhängigkeit der Bauteilgeometrie von der Reibung tritt auch beim Feinschneiden [KLOC01] oder beim Innenhochdruck-Umformen [MEYE99] auf.

LI zeigt, dass der Einfluss der Reibung auf die Umformung stark vom Anwendungsfall abhängt [LI96]. Bei Versuchen zum Ringstauchen und Schrägstauchen zeigt die Schmierung einen großen Einfluss auf die entstehende Geometrie. Zur Beurteilung des Einflusses der Reibung auf das Prozessergebnis führte LI bei verschiedenen Verfahren FE-Simulationen durch. Beim Durchdrücken, beim Zahnradschmieden und beim Zahnradquerfließpressen wird der Fließvorgang kaum durch den Reibfaktor beeinflusst.

LI kommt weiterhin zu dem Schluss, dass ein universales Reibgesetz zwingend prozess- und geometrieunabhängige Größen wie Relativgeschwindigkeiten, wahre Kontaktflächen, Adhäsionserscheinungen etc. berücksichtigen muss [LI96]. Ein solches, lokales Reibmodell hat NEUMEIER entwickelt [NEUM03]. Der Reibfaktor hängt bei LI von der Relativgeschwindigkeit, dem Fließverhalten des Materials beim jeweiligen Umformprozess und der Kontaktnormalspannung ab. Das Modell validierte NEUMEIER mit Napfrückwärts-Fließpressen und fand hierbei die folgenden Werte für den Reibfaktor: beim Kaltumformen $m = 0{,}15$, beim Halbwarmumformen $m = 0{,}25$ und bei der Warmumformung $m = 0{,}45$. SCHAFSTALL entwickelte einen adaptiven Reibfaktor für das Massivumformen [SCHA99]. Dieser ist abhängig von der Kontaktnormalspannung, der Relativgeschwindigkeit, dem Materialverhalten, dem Umformgrad und der Temperatur. Seine Validierung erfolgt am Beispiel des Napfrückwärts-Vollvorwärts-Fließpressens. Dabei konnte die Stempelkraft über dem Stempelweg deutlich besser vorhergesagt werden, als durch konstante Reibfaktoren.

Viele Modelle wurden spezifisch für das jeweilige Verfahren entwickelt, um eine genauere Abbildung der Reibung im Prozess zu ermöglichen. MEYER entwickelte ein Reibmodell, das die Kontaktnormalspannung, die Werkstoffeigenschaften des Werkstücks, das Wanddicken-Durchmesser-Verhältnis, den Verschiebeweg, die Verschiebegeschwindigkeit und das Schmierstoffsystem berücksichtigt [MEYE99].

MUNZINGER führte für das Schmieden von Zahnrädern im Schichtverbund ein Reibmodell ein, das einen variablen Reibfaktor und Reibungskoeffizienten über der Zahnhöhe hat [MUNZ00]. Die Reibung ist dabei abhängig von dem Prozessfortschritt und der Zahnhöhe.

Das Dichtwalzen bildet eine Schnittstelle zwischen dem Kontakt von Zahnrädern und dem Umformen. Da die Begrenzung der Schubspannung für das Dichtwalzen gelten muss, wird in dieser Arbeit für die Modellierung der Reibung das Schubspannungsgesetz mit dem Reibfaktor m herangezogen. Da bisher keine lokalen Modelle existieren, die auf das Dichtwalzen übertragen werden können, und da das Dichtwalzen ein kaltumformendes Verfahren ist, wird in dieser Arbeit ein konstanter Reibfaktor von m = 0,15 angewandt.

2.7 Fazit: Ableitung des Forschungsbedarfs

Conclusion: Derivation of Need for Research

Pulvermetallurgische Zahnräder für den Einsatz in Automobilgetrieben können kostengünstig durch einen einfachen Press- und Sintervorgang hergestellt werden. Die dabei entstehenden Zahnräder weisen allerdings eine ca. zehnprozentige Restporosität auf. Dadurch sind diese Zahnräder im Vergleich zu volldichten Zahnrädern weniger belastbar. Insbesondere in der Automobilindustrie ist der porositätsbedingte Festigkeitsverlust nicht annehmbar.

Ein weiterer Fertigungsschritt ist notwendig, der die Dichte des Zahnrads und damit die Festigkeit bis auf die definierten Anforderungen erhöht. Die Dichte- bzw. Festigkeitserhöhung ist hierbei nur oberflächennah erforderlich, da Zahnräder nur in der Randzone sehr hoch belastet werden. Ein Verfahren zur Verdichtung der Oberfläche bei Zahnrädern ist das Dichtwalzen durch Werkzeugzahnräder. Dabei walzen zwei Werkzeugzahnräder das zwischen ihnen positionierte Werkstück, während sich ihr Achsabstand um einen definierten Betrag verringert. Die hierbei aufgebrachte lokale Pressung zwischen den Werkzeugen und dem Werkstück führt zu einer Verdichtung der Oberfläche des porösen Werkstücks.

Neben der Flächenpressung wird aufgrund des Gleitkontakts auch eine Schubbelastung durch die Werkzeuge auf das Werkstück aufgebracht. Die Auswirkungen dieser Schubbelastung können in Gefügeaufnahmen analysiert werden. Das Gefüge ist im Bereich des Wälzkreises in tangentialer Richtung nur gering verformt. Je größer der Abstand vom Wälzkreis ist, desto stärker wird das Gefüge verformt. Die Gefügeverformung ist besonders ausgeprägt in den Bereichen hohen Schlupfs im Bereich des Zahnkopfs und des Zahnfußes. Durch sie wird der Materialfluss tangential zur Zahnflanke sichtbar.

Während der Materialfluss normal zur Zahnflanke zur Verdichtung führt, also zum eigentlichen Prozessziel, führt der tangentiale Materialfluss zur Zunahme des Außendurchmessers, zur Deformation des Profils und zum Übereinanderschieben von Material. Diese Veränderungen lassen sich in Form von Kopfwachstum, Profilabweichungen und Überwalzungen feststellen, vgl. Bild 2.8 und Bild 2.9. KAUFFMANN hat gezeigt, dass diese Phänomene durch iterative Aufmaßanpassung oder Werkzeugkorrekturen kompensierbar sind. Jedoch wurden die Zusammenhänge, die zu der Ausprägung des Materialflusses führen, bisher nicht verstanden, so dass diese Phänomene nur iterativ vermeidbar sind. Um das Potenzial der Technologie nutzbar zu machen, muss der Materialfluss sowie der Einfluss der Prozessgrößen auf diesen verstanden und modelliert werden. Dabei ist insbesondere der Materialfluss, der tangential zur Oberfläche vorliegt, zu berücksichtigen, da bisher keine Erkenntnisse über dessen Beeinflussbarkeit vorliegen. Durch eine Modellierung der Zusammenhänge zwischen Prozesseinflüssen und der Ausprägung des Materialflusses wird das Prozessverständnis vertieft und für gezielte Prozessauslegungen nutzbar gemacht.

3 Zielsetzung und Vorgehensweise

Objective and Approach

Durch die Prozessauslegung beim Dichtwalzen von PM-Zahnrädern wird der Materialfluss am Werkstück beeinflusst. Aus dem Materialfluss in normaler und tangentialer Richtung zur Oberfläche resultieren die Verdichtung und die Oberflächendeformation. Da der Zusammenhang zwischen den Prozessgrößen und dem Materialfluss nicht bekannt ist, ist eine gezielte Einstellung des Materialflusses bisher nicht möglich.

Das Ziel dieser Arbeit ist die Entwicklung von empirisch-analytischen Vorhersagemodellen für den tangentialen und normalen Materialfluss basierend auf den Prozessgrößen des Dichtwalzens von PM-Zahnrädern. Die Modelle wurden verzahnungsunabhängig entwickelt, um auf einen großen Bereich zu walzender Verzahnungen übertragbar zu sein. Die durch die Vorhersagemodelle gewonnenen Informationen ermöglichen die Unterstützung und die Verkürzung der Prozessentwicklung von Dichtwalzprozessen, indem die Qualitätsanforderungen gezielter und damit schneller als aktuell erreicht werden. Die Neuheit dieser Arbeit besteht dabei in der verzahnungsunabhängigen Herangehensweise und der empirisch-analytischen Modellierung des Materialflusses.

Die Zielsetzung stützt sich auf folgende Forschungshypothese:

Anhand der geometrisch-kinematischen Prozessgrößen kann der lokale Materialfluss beim Dichtwalzen vorhergesagt werden.

Basierend auf dieser These wurden vier Forschungsfragen beantwortet, um Vorhersagemodelle für den Materialfluss beim Dichtwalzen zu entwickeln:

Forschungsfrage 1: Durch welche Kenngrößen kann der Materialfluss beim Dichtwalzen quantifiziert werden?

Forschungsfrage 2: Welchen Einfluss haben die geometrisch-kinematischen Kontaktbedingungen auf den Materialfluss beim Dichtwalzen im zylindrischen Kontakt?

Forschungsfrage 3: Welchen Einfluss hat die Prozessauslegung auf die geometrisch-kinematischen Kontaktbedingungen beim Dichtwalzen von PM-Zahnrädern?

Forschungsfrage 4: In wieweit lassen sich die Erkenntnisse aus dem zylindrischen Kontakt auf das Dichtwalzen von PM-Zahnrädern übertragen?

Zur Beantwortung der Forschungsfragen wurde wie in **Bild 3.1** dargestellt vorgegangen: Die Prozessgrößen wurden identifiziert und die Systemgrenzen festgelegt (Kapitel 4). Der Dichtwalzprozess wurde abstrahiert und in einen Analogieprozess überführt, der als Basis für die Untersuchungen diente, vgl. Bild 3.1. Dadurch war es möglich, die Prozessgrößen unabhängig voneinander und verzahnungsunabhängig zu untersuchen. Es wurde eine geometrisch-kinematische Kontaktanalyse entwickelt, mit der die Kontaktbedingungen beim Dichtwalzen analysiert sowie Kenngrößen für den Materialfluss identifiziert wurden. Weiterhin wurden die wesentlichen Kenngrößen definiert, die den Materialfluss beim Dichtwalzen beschreiben. Damit wurde in Kapitel 4 die erste Forschungsfrage beantwortet.

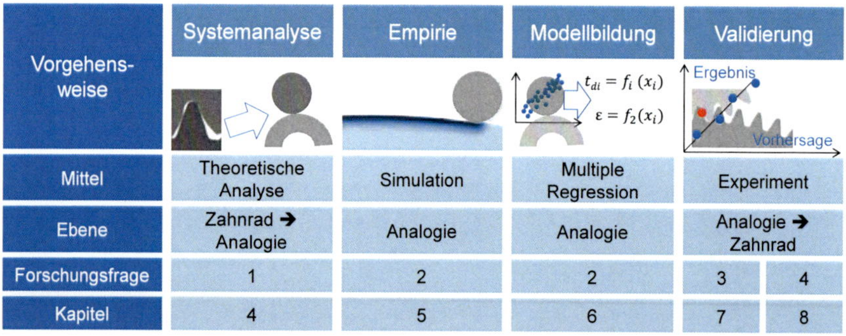

Bild 3.1: Wissenschaftliche Vorgehensweise

Scientific Approach

Der Materialfluss, der beim Dichtwalzen in normaler und tangentialer Richtung entsteht, wurde mit variierten geometrisch-kinematischen Prozessgrößen und verschiedenen Prozesszuständen grundlegend in einer FE-Simulation empirisch untersucht (Kapitel 5). Die Verwendung der FE-Simulation ermöglichte eine detaillierte Analyse des Materialflusses, die im Experiment so nicht möglich ist.

Die empirischen Ergebnisse aus der Simulation wurden analysiert und der Einfluss der Kontaktbedingungen auf den Materialfluss wird durch adäquate Teilfunktionen abgebildet. Durch die Kombination der Teilfunktionen und eine Regressionsanalyse wurden die analytisch-empirischen Vorhersagemodelle für die Beschreibung des normalen und tangentialen Materialflusses abgeleitet (Kapitel 6). Durch die empirischen Untersuchungen in Kapitel 5 und die Modellierung in Kapitel 6 wurde die zweite Forschungsfrage beantwortet.

Es wurde eine Verzahnung definiert, auf die die Vorhersagemodelle angewandt und die für die Validierung der Modelle dichtgewalzt wurde. Es wurden Prozessauslegungen entwickelt, die unterschiedlichen Materialfluss erwarten ließen. Die geometrisch-kinematische Kontaktanalyse erfolgte, um Kontaktbedingungen während des Dichtwalzprozesses zu analysieren. Basierend auf diesen Daten erfolgte mittels der Modelle eine Vorhersage des Materialflusses. Anhand von diesen Analysen wurde in Kapitel 7die dritte Forschungsfrage exemplarisch beantwortet.

Es wurden Versuchsverzahnungen mit den in Kapitel 7 definierten Prozessauslegungen dichtgewalzt. Die Prozessergebnisse wurden hinsichtlich Verdichtung, Oberflächengüte und Verzahnungsqualität verglichen (Kapitel 8). Durch den Vergleich der Vorhersage mit den durch unterschiedliche Prozessauslegungen hergestellten Zahnrädern wurde das Modell für die Anwendung des Zahnradwalzens validiert und dadurch die vierte Forschungsfrage beantwortet.

4 Analyse und Methoden

Analysis and Methods

Durch den Kontakt mit der Werkzeugoberfläche wird eine Spannung an dem Werkstück aufgebracht und die Beschaffenheit des Werkstücks bringt dieser Spannung einen Widerstand entgegen. Aus der Wechselwirkung von Spannung und Widerstand des Werkstücks ergeben sich Betrag und Richtung des Materialflusses. Für die Entwicklung der empirisch-analytischen Vorhersagemodelle sind verschiedene Methoden notwendig, um den Materialfluss hinsichtlich Betrag und Richtung verzahnungsunabhängig zu untersuchen. Dazu wird in diesem Kapitel der Prozess analysiert und die Systemgrenzen der Untersuchung werden festgelegt. Eine geometrisch-kinematische Kontaktanalyse wird entwickelt, mit der die Kontaktbedingungen beim Dichtwalzen analysiert und auf einen Analogieprozess übertragen werden können, um damit die verzahnungsunabhängige Untersuchung zu ermöglichen. Der Analogieprozess und seine simulative und experimentelle Anwendung werden vorgestellt. Basierend auf dem Analogieprozess werden Kennwerte definiert, die den Materialfluss beim Dichtwalzen beschreiben.

4.1 Prozessanalyse und Systemgrenzen

Process Analysis and System Boundaries

Zahlreiche Prozessgrößen beeinflussen das Ergebnis beim Dichtwalzen, vgl. **Bild 4.1**. Dazu gehören Größen des Werkstücks, des Prozesses, des Werkzeugs und der Maschine.

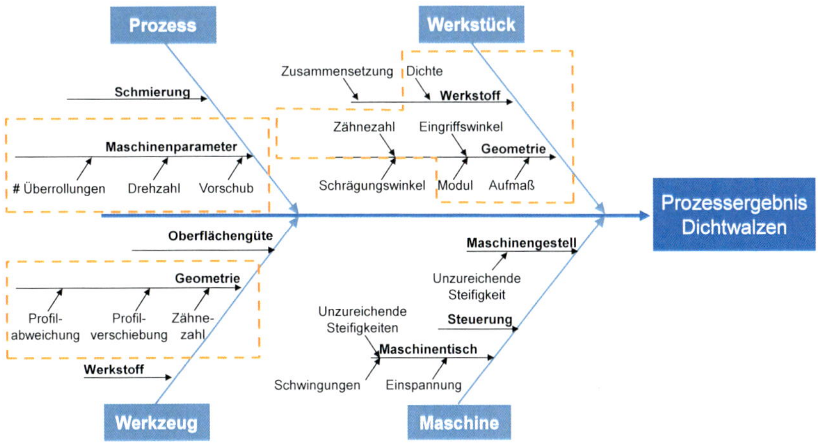

Bild 4.1: Prozessgrößen mit Einfluss auf den Dichtwalzprozess

Process parameters with influence on the densificat. rolling process

Im Fokus dieser Untersuchung standen Größen, die in der Prozessentwicklung des Dichtwalzens für neue Werkstückgeometrien vergleichsweise kostengünstig beeinflussbar sind. Durch diesen Fokus wurde sichergestellt, dass die Ergebnisse dieser Untersuchung direkt nutzbar sind. Beim Werkstück wurden daher wesentliche geometrische Größen sowie die Dichte des Walzrohlings, beim Prozess die Maschinenparameter (wie z. B. Anzahl an Überrollungen und Vorschub) und beim Werkzeug die Geometrie berücksichtigt.

Die übrigen Größen sind in der Prozessentwicklung nicht gezielt oder nur mit großem Aufwand zu beeinflussen. Beispiele hierfür sind die Schmierung oder die Werkstoffauswahl für das Werkzeug. Da auch die Werkzeugmaschine für den Anwender nicht leicht austauschbar ist, wurde diese als konstant angenommen. Durch diese Systemgrenze werden wichtige Erkenntnisse der Untersuchung für die Prozessentwicklung des Dichtwalzens in der Anwendung nutzbar sein.

4.2 Geometrisch-kinematische Kontaktanalyse

Geometrical-Kinematical Contact Analysis

Zur Beurteilung der auftretenden Kontaktbedingungen im Dichtwalzprozess und damit zur Beantwortung der dritten Forschungsfrage wird eine geometrisch-kinematische Kontaktanalyse benötigt, die es erlaubt, die im Prozess auftretenden Kontakte zu analysieren. Dadurch werden die Kontaktbedingungen am Zahnrad in verzahnungsunabhängige Größen überführt. Ausgabegrößen der Kontaktanalyse sind Aufmaß des Werkstücks, Krümmungsradien und Schlupf. Dazu wird der Werkzeugzahn durch die Werkstücklücke abgewälzt. Das Abwälzen ordnet die zugehörigen Kontaktpunkte von Werkzeug und Werkstück einander zu. Der Eingriffswinkel und die Krümmung der Zahngeometrien werden ausgewertet und mithilfe der Zuordnung wird somit bestimmt, welche Krümmungsradien in Kontakt kommen. Anhand der Eingriffswinkel von Werkzeug und Werkstück werden die Tangentialgeschwindigkeiten ermittelt. Damit ergibt sich der Schlupf im Kontakt. Durch den Vergleich der Werkstückgeometrie in einer Zustellung mit der Werkstückgeometrie in der darauf folgenden Zustellung wird das Aufmaß ermittelt.

Links in **Bild 4.2** ist der Verlauf des Abwälzvorgangs beispielhaft dargestellt. Dabei ist das Werkstück als Bezugssystem fest und das Werkzeug führt neben der Drehung um sich selbst auch eine Drehung um das Werkstück aus. Die Darstellung zeigt klar, dass zweiflankiger Kontakt sowie Kontakt im Zahnfuß des Werkstücks im Prozessverlauf auftritt. Aufgrund des zweiflankigen Kontakts und des Kontakts im Zahnfuß wurde in dieser Arbeit keine konventionelle Kontaktanalyse wie ZaKo3D [BREC10] verwendet. Der Prozessverlauf wird inkrementell abgebildet. In vielen Wälzstellungen kommen mehrere Regionen des Werkstücks in Kontakt mit dem Werkzeug. An diesen Kontakten werden die Krümmungsradien und der Schlupf erfasst, die zwischen Werkstück und Werkzeug vorliegen, siehe Bild 4.2 (Mitte und rechts).

Zur Berechnung von Schlupf und Krümmungsradien wurde die Kontaktgeometrie ausgewertet. Diese Auswertung ist in **Bild 4.3** für die Verzahnungsgeometrie dargestellt, die in dem BMBF-Projekt „PM-Zahnräder“, Förderkennzeichen 02PU2280, verwendet wurde [KLOC11]. Diese Gradverzahnung hat $z_2 = 20$ Zähne, einen Eingriffwinkel von $\alpha = 20°$, einen Modul von $m = 3{,}175$ mm und eine Profilverschiebung von $x_2 = 0{,}205$. Das zugehörige Werkzeug hat $z_0 = 79$ Zähne und eine Profilverschiebung von $x_0 = -0{,}205$.

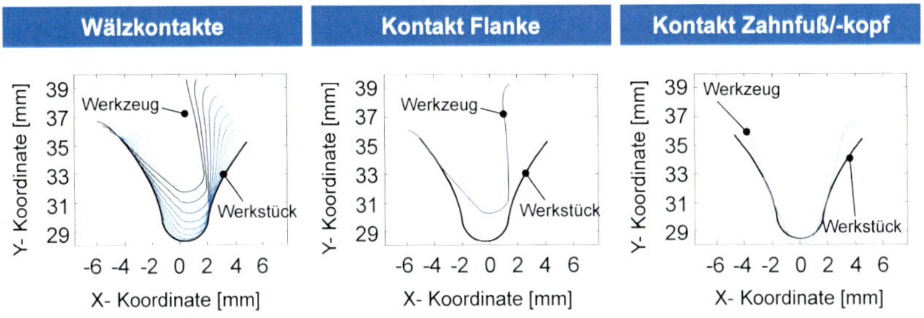

Bild 4.2: Abwälzen des Werkzeugzahns durch die Werkstücklücke

Generation of workpiece gap by tool tooth

Die Zahngeometrie des Werkzeugs und die Lückengeometrie des Werkstücks sind links in Bild 4.3 dargestellt. Aus der Lücken- bzw. Zahngeometrie wurden die lokalen Eingriffswinkel α_{ny} und die lokalen Krümmungsradien R_y abgeleitet, vgl. Bild 4.3 links oben.

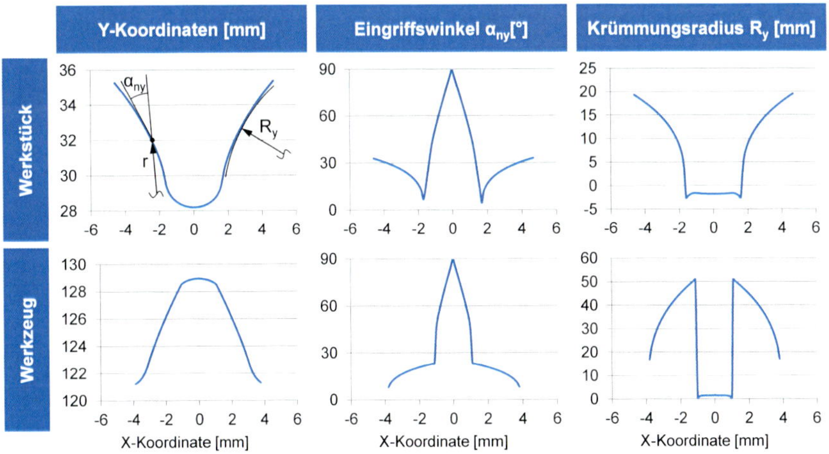

Bild 4.3: Beispielhafte Auswertung der Kontaktgeometrie

Exemplary evaluation of contact geometry

Der Eingriffswinkel der Kurven ist in Bild 4.3 mittig dargestellt. Deutlich zu erkennen ist die Änderung des Eingriffswinkels des Werkstücks in dem Bereich, in dem die konvexe Flanke in den konkaven Fußbereich übergeht. Für den Krümmungsradius ist bei beiden Geometrien jeweils ein Bereich mit nahezu konstanter Krümmung festzustellen. Dies sind die Bereiche der Fußausrundung des Werkstücks und des Kopfs des Werkzeugs.

In **Bild 4.4** sind für einen Kontakt zwischen Werkzeug und Werkstück die Kontaktbedingungen mit lokalen Kontaktradien und Geschwindigkeiten dargestellt. Aufgrund der variablen Krümmung kommt es über dem Prozessverlauf in jeder Wälzstellung zu anderen Kombinationen der Kontaktradien. Aufgrund der Drehung von Werkstück und Werkzeug um die eigene Achse wird jedem Punkt der Kontaktpartner eine Umfangsgeschwindigkeit zugeordnet, die sich aus der Drehzahl und dem Radius des Punktes ergibt, vgl. Gleichung (4-1). Mit dem Eingriffswinkel der Zahnflanke wird die Umfangsgeschwindigkeit in Normalgeschwindigkeit und Tangentialgeschwindigkeit aufgesplittet, vgl. Gleichung (4-2). Die Normalgeschwindigkeit steht senkrecht auf der Zahnflanke, die Tangentialgeschwindigkeit tangential zur Oberfläche.

$$v_u = 2 \cdot \pi \cdot r \cdot n \tag{4-1}$$

$$v_t = v_u \cdot \sin(\alpha_n) \tag{4-2}$$

$$s = (v_{t2} - v_{t0}) / v_{t2} = v_g / v_{t2} \tag{4-3}$$

v_u	[mm/min]	Umfangsgeschwindigkeit	n	[min^{-1}]	Drehzahl
v_t	[mm/s]	Tangentialgeschwindigkeit	r	[mm]	Radius am Kontaktpunkt
α_n	[°]	Normaleingriffwinkel	v_g	[mm/s]	Gleitgeschwindigkeit
s	[%]	Schlupf			

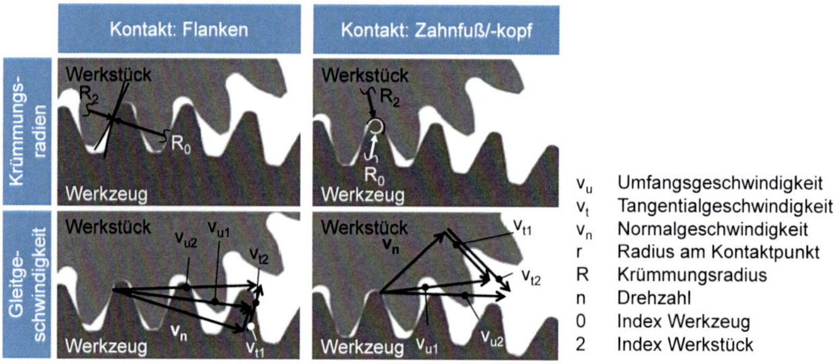

Bild 4.4: Kontaktbedingungen beim Dichtwalzen
Contact conditions in densification rolling

Da sich Werkzeug und Werkstück nicht durchdringen können, müssen deren Normalgeschwindigkeiten in einem Kontaktpunkt identisch sein. Die Tangentialgeschwindigkeiten hingegen können sich unterscheiden. Die Differenz der Tangentialgeschwindigkeiten ist die Relativgeschwindigkeit bzw. Gleitgeschwindigkeit. Der

Schlupf ist die auf die Tangentialgeschwindigkeit des Werkstücks bezogene Gleitgeschwindigkeit, vgl. Gleichung (4-3). Aufgrund dieses Bezugs ist der Schlupf unabhängig von der Drehzahl des Dichtwalzprozesses, und nur noch bezogen auf die Kontaktgeometrie und das Zähnezahlverhältnis von Werkstück und Werkzeug.

Der in der Kontaktanalyse ermittelte Schlupf für die oben genannte Werkzeug-Werkstück-Kombination ist in **Bild 4.5** über der X-Koordinate des Werkstücks dargestellt. Zusätzlich ist auch die Lückengeometrie des Zahnrads abgebildet. Vergleichbar mit dem Kontakt zwischen zwei Zahnrädern tritt auf der Zahnflanke Schlupf mit einem Vorzeichenwechsel am Wälzkreis auf. Am Zahnfuß liegt beim Dichtwalzen im Gegensatz zum Kämmen zweier Zahnräder auch Kontakt vor. Die geometrisch-kinematische Kontaktanalyse ermittelt den Schlupf dort ebenfalls. Die Ergebnisse von KAUFFMANN hinsichtlich der Gefügedeformation und der Verdichtung (vgl. Bild 2.7 und Bild 2.9) deuten auf einen starken Einfluss des Schlupfs auf den Dichtwalzprozess hin, der deswegen hier analysiert wird [KAUF13].

Werkstück

m_n = 3,175 mm
α = 20°
β = 0°
x = 0,205
z = 20
d_a = 71,92 mm
d_f = 54,40 mm

Werkzeug

z_0 = 79
x_0 = -0,205

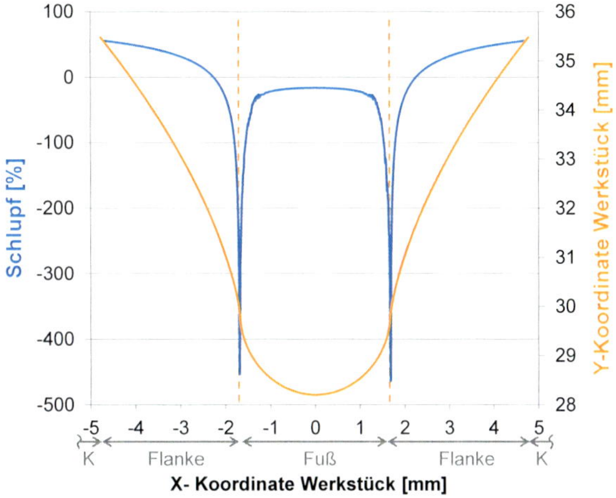

Bild 4.5: Beispielhafte Auswertung des Schlupfs im letzten Werkzeugkontakt
Exemplary evaluation of slip in the last tool contact

Im Bereich der Flanke sinkt der Schlupf vom Kopf zum Fuß aus dem positiven in den negativen Bereich ab, vgl. Bild 4.5. Am Übergang der konvexen Flanke zum konkaven Fußbereich ist der Schlupf stark negativ überhöht. Dies begründet sich in der Tangentialgeschwindigkeit des Werkstücks, in die der Eingriffswinkel eingeht, vgl. Bild 4.3 und Gleichung (4-2). In diesem Bereich ist die Tangente an der Oberfläche ungefähr parallel zum Radius und damit fast senkrecht zur Umfangsgeschwindigkeit. Die Tangentialgeschwindigkeit wird daher nahezu null. Aufgrund der Berechnung nach Gleichung (4-3) sinkt der Schlupf am Fußformkreis stark negativ ab. Dies stimmt auch mit der starken Verformung des Gefüges in diesem Bereich überein, die von KAUFFMANN dokumentiert wurde [KAUF13].

Die Kontaktanalyse erlaubt die Beurteilung verschiedener Auslegungen von Werkzeug und Werkstück hinsichtlich des Schlupfs und der auftretenden Krümmungsradien. Dies ist ein wichtiges Auswahlmittel in der Prozessauslegung. Diese Analyse wurde für die variablen Achsabstände im Prozessverlauf vorgenommen. Da tangentialer Materialfluss allerdings erst bei starker Verdichtung auftritt, ist das oben gewählte Beispiel im Endachsabstand berechnet.

Die Werkzeuggeometrie beeinflusst die Kontaktradien und den Schlupf. Jedoch ist die Bestimmung der möglichen Werkzeuggeometrien für das zu fertigende Werkstück eingeschränkt. Variable Größen des Werkzeugs sind die Zähnezahl und der Profilverschiebungsfaktor. **Bild 4.6** zeigt eine Methode zur Bestimmung des möglichen Lösungsraums für Walzwerkzeuge für eine Beispielverzahnung anhand der Begrenzungen einer Beispielmaschine und durch die Form des Werkzeugzahns.

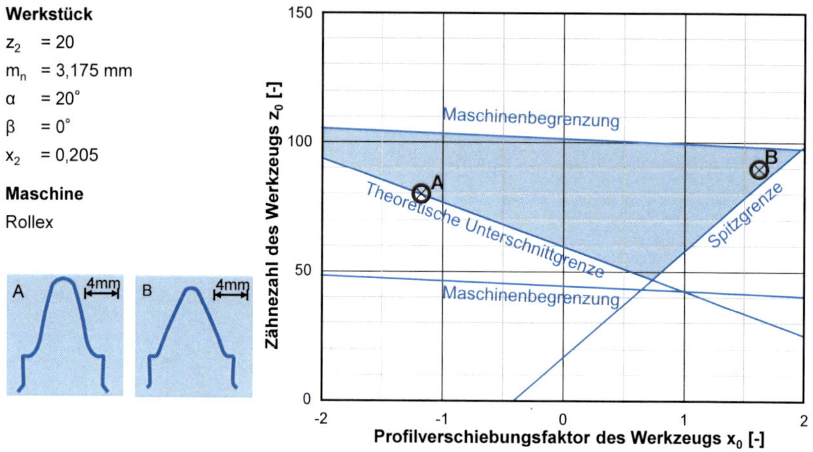

Bild 4.6: Methode zur Vorauslegung von Walzwerkzeugen für Beispielverzahnung

Method for pre design of rolling tools for example gear geometry

Es besteht eine Begrenzung der möglichen Zähnezahlen und Profilverschiebungen durch die Maschine (*Maschinenbegrenzung*): Die Werkzeuggröße ist begrenzt durch den maximalen und minimalen Werkzeugdurchmesser sowie den maximalen und minimalen Achsabstand. Diese Größen sind durch die Wellenaufnahme, den Maschinenraum und die Verfahrwege der Achsen festgelegt.

Zur Begrenzung des Lösungsraums wurden weiterhin nach DIN 3960 [DIN87b] die Unterschnittgrenze und die Spitzgrenze herangezogen. Unterschnitt bezeichnet einen zurückgesetzten Zahnfuß, der bei kleinen Zähnezahlen und kleinen Profilverschiebungsfaktoren auftritt. Unterschnitt schwächt den Zahnfuß und verringert den nutzbaren Teil der Evolvente.

Die Unterschnittgrenze wird in Bild 4.6 als *„theoretische" Unterschnittgrenze* angeführt, da es bei einem wälzenden Herstellungsverfahren zu Unterschnitt kommen würde. Jedoch werden Werkzeuge üblicherweise durch profilierende Verfahren hergestellt, sodass kein Unterschnitt entsteht. Ein Beispiel für die theoretische Unterschnittgrenze ist Werkzeug A in Bild 4.6. Die Unterschnittgrenze wurde als Begrenzung des Versuchsbereichs ausgewählt, da hierdurch die Zahndicke nach unten begrenzt wird.

Die *Spitzgrenze* bezeichnet Verzahnungsgeometrien bei denen die Zahndickensehne am Kopf $s_{an} = 0{,}2 \cdot m_n$ beträgt. Diese Grenze wurde als Begrenzung der Breite der Zahnkopfdickensehne nach unten herangezogen. Ein Werkzeug nahe der Spitzgrenze ist das in Bild 4.6 dargestellte Werkzeug B. In dem dunkel hinterlegten Lösungsraum kann eine sinnvolle Werkzeugauslegung stattfinden.

4.3 Ableitung des Analogieprozesses

Derivation of the Analogy Process

Zur Untersuchung des Materialflusses wird eine Analogie gewählt, die es erlaubt alle Prozessgrößen unabhängig voneinander zu untersuchen. Die Kontaktradien von Werkzeug und Werkstück sind über der Zahnhöhe nicht konstant, wie Bild 4.3 zeigt. Über der Zahnhöhe variiert auch der Schlupf, vgl. Bild 4.5. Wird der Materialfluss beim Dichtwalzen des Zahnrads verfolgt, ist es nicht möglich diesen auf eine der Prozessgrößen zurückzuführen, da es nicht möglich ist, einzelne Größen über der Zahnhöhe konstant zu halten. Daher wurde eine Analogie gesucht, mit der sich mit dem Zahnkontakt vergleichbare, aber konstante Kontaktbedingungen abbilden lassen, vgl. **Bild 4.7**.

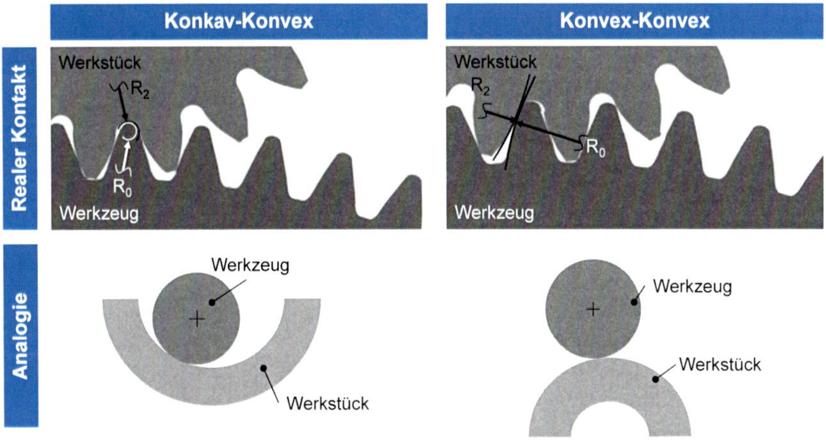

Bild 4.7: Ableitung des Analogieprozesses
Derivation of analogy process

Oben in Bild 4.7 sind zwei unterschiedliche Wälzstellungen von Werkzeug und Werkstück dargestellt. Markiert sind zwei unterschiedliche Kontaktarten. Links ist ein Kontakt des konvexen Werkzeugkopfs mit dem konkaven Werkstückfuß abgebildet. Rechts sind die konvexen Flanken von Werkzeug und Werkstück in Kontakt.

Für beide Fälle wurde eine Analogie herangezogen, die einen konstanten Kontaktkrümmungsradius vorsieht. Bei dem konkav-konvexen Kontakt ist das Werkzeug ein Zylinder und das Werkstück ein Hohlzylinder. In diesem Kontakt ist bereits aus der Theorie von HERTZ bekannt, dass die lokalen Pressungen geringer als im konvex-konvexen Kontakt ausfallen [HERT82]. Er beschreibt den Einfluss der Kontaktradien über den Ersatzkrümmungsradius, vgl. Gleichung (4-4).

$$\rho_{\mathrm{Ers}} = (\rho_1 \cdot \rho_2)/(\rho_1 + \rho_2) \tag{4-4}$$

ρ_{Ers}	[mm]	Ersatzkrümmungsradius	ρ_2	[mm]	Krümmungsradius 2
ρ_1	[mm]	Krümmungsradius 1			

Bei dem konvex-konvexen Kontakt sind das Werkzeug und das Werkstück zylinderförmig. Die Zylinderform als Analogie zum Zahnrad wird bereits vielfach eingesetzt [BUGI09, WIMM06]. Das Zylinderwalzen bietet konstante Kontaktbedingungen und die Prozessgrößen können getrennt voneinander untersucht werden. Die Untersuchung des Dichtwalzprozesses im Analogieprozess im konvex-konvexen und im konkav-konvexen Kontakt erfolgte hauptsächlich simulativ.

4.4 Aufbau der experimentellen Untersuchung

Set up of the Experimental Investigation

Die experimentelle Untersuchung diente der Validierung der Simulation und bildet den Kontakt unter Schlupf ab. Der Analogieversuch von KAUFFMANN erfolgte auf einer Walzmaschine ohne Werkstückantrieb, sodass keine gezielte Vorgabe des Schlupfs möglich war. Für die Untersuchung des Materialflusses wurde daher in dieser Arbeit ein aus der Literatur bekanntes Konzept zur Untersuchung des tribologischen Kontakts am Zahnrad [BAGH14, BUGI09] verwendet, vgl. **Bild 4.8**. Das Konzept wurde angepasst, sodass auch die geringen Drehzahlen des Dichtwalzprozesses realisierbar sind. Mithilfe dieses Konzepts wird für den Kontakt an den Flanken das Dichtwalzen mit unterschiedlichen Pressungen und unterschiedlichem Schlupf untersucht.

Der Motor treibt über einen Zahnriemen ein Getriebe an, in dem verschiedene Übersetzungen durch Zahnradpaarungen realisiert werden. Das Getriebe hat zwei Abtriebswellen. Die Drehzahl der oberen Welle entspricht der Drehzahl des Getriebemotors mit $n_0 = 20\ \mathrm{min}^{-1}$. Die Drehzahl der unteren Welle wird durch das Übersetzungsverhältnis im Getriebe variiert. Dadurch wird zwischen den beiden Rollen Schlupf erzeugt. Die beiden Wellen treiben im Prüfgehäuse zwei Rollen an, die gleichen Durchmessers sind. Die Rollen wälzen aufgrund der unterschiedlichen Drehzahlen unter Schlupf aufeinander ab.

Die obere Rolle wird über eine Schwinge und einen Hydraulikkolben mit einer Normalkraft beaufschlagt. Diese Kraft überträgt sie auf die untere Rolle. Der Kontakt unter der gegebenen Normalkraft führt zur Deformation, also zum Dichtwalzen des Werkstücks. Die Reibung, die aufgrund des Abwälzens der Ronden unter Last entsteht, führt zu einer Reibkraft, die zur Auslenkung der Blattfedern führt. Diese Auslenkung wird von dem Kraftaufnehmer erfasst. Am Messrechner wird die Auslenkung in die Reibkraft umgerechnet.

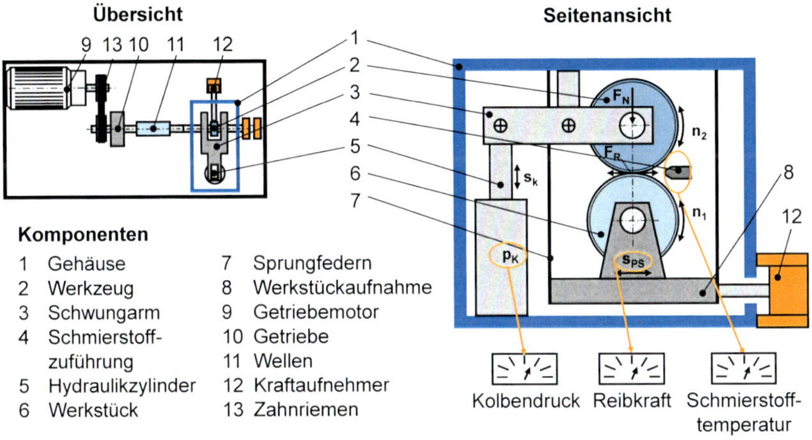

Bild 4.8: Anpassung des Reibkraftprüfstands zum Dichtwalzen. Darstellung nach [BUGI09]

Adaption of friction force test rig for densification rolling

In **Bild 4.9** sind die Geometrien von Werkzeug und Werkstück dargestellt. Werkstück und Werkzeug wurden entsprechend der Analogie zylindrisch ausgeführt mit einem identischen Durchmesser von $d_0 = d_2 = 42$ mm.

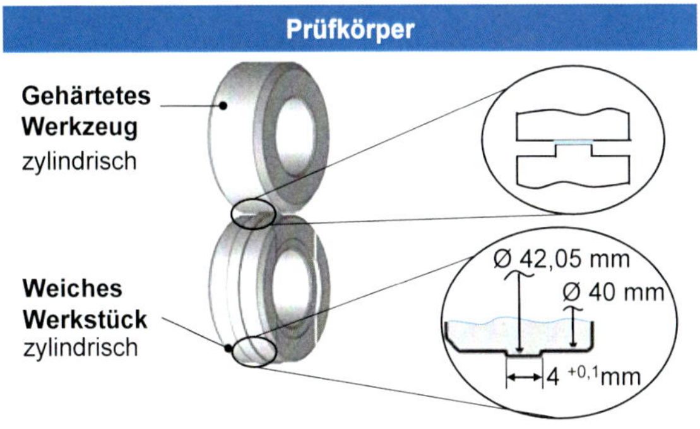

Bild 4.9: Prüfkörper für die experimentelle Untersuchung

Test specimen for experimental procedure

Das Werkstück hat einen 4 mm breiten Absatz, damit die Kontaktfläche reduziert und bei gegebener Kraft die Pressung erhöht wird. Dies ist notwendig, damit der Prüfstand in der Lage ist die Werkstücke dichtzuwalzen. Entsprechend der Darstellung ist das Werkzeug die obere Rolle im Prüfstand und das Werkstück die untere Rolle. Dies erleichtert den Werkstückwechsel.

4.5 Simulative Untersuchung

Simulative Investigation

Die simulativen Untersuchungen wurden in DEFORM2D® von SFTC durchgeführt. Diese Software wurde auch in den Untersuchungen von KAUFFMANN verwendet. Da der Materialfluss hauptsächlich in der Stirnebene des Zahnrads vorliegt, ist eine zweidimensionale Simulation hinreichend. Für die Untersuchungen wird ein ebener Dehnungszustand angenommen. Die Simulation des Prozesses mit der Finiten-Elemente-Methode (FEM) ermöglicht die Reaktion des Materials auf die aufgebrachten Lasten abzubilden.

4.5.1 Aufbau und Beschreibung des Materialflusses

Set up and Description of Material Flow

Mithilfe der FE-Simulation werden die erste und die zweite Forschungsfrage nach geeigneten Kenngrößen zur Beschreibung des Materialflusses und nach dem Einfluss der Kontaktbedingungen auf den Materialfluss beantwortet. Dazu gehen in die Simulation die zu untersuchenden Prozessgrößen ein, wie der Schlupf, die Dichte, der Reibfaktor die Kontaktradien und das Aufmaß, vgl. **Bild 4.10**.

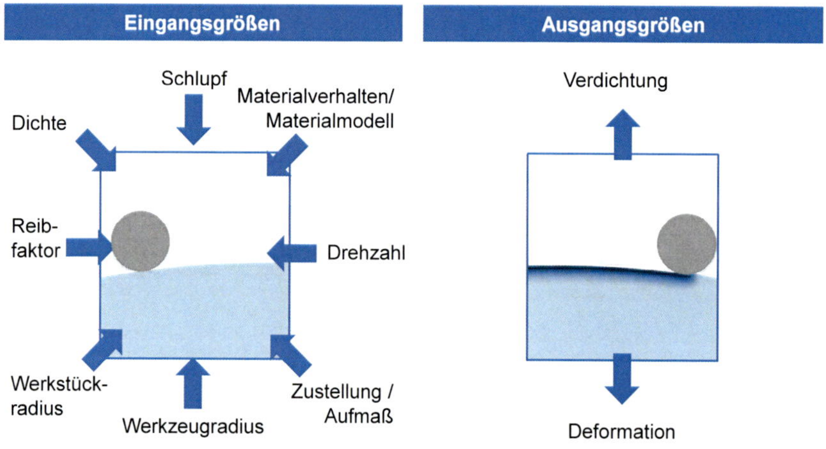

Bild 4.10: Eingangs- und Ausgangsgrößen der FE-Simulation
Input and output parameters in FE simulation

Weiterhin wird das Materialverhalten durch ein Materialmodell definiert und die übrige Kinematik festgelegt. Ferner wurden die Netzdichte und die Schrittdauer der Simulation festgelegt, die direkt die Rechenzeit beeinflussen. Definiert wurden auch das Prozessende sowie ein Kriterium, ab dem das Netz neu erzeugt wird. Der Kontakt zwischen Werkzeug und Werkstück sowie das Reibmodell wurden definiert. Auch Bedingungen wie Behindern des Materialflusses in eine Richtung (z. B. am Innendurchmesser der konvexen Geometrie) etc. wurden definiert. In **Bild 4.11** sind die Randbedingungen der Simulation bezüglich des Netzes und des Kontaktes von Werkstück und Werkzeug dargestellt.

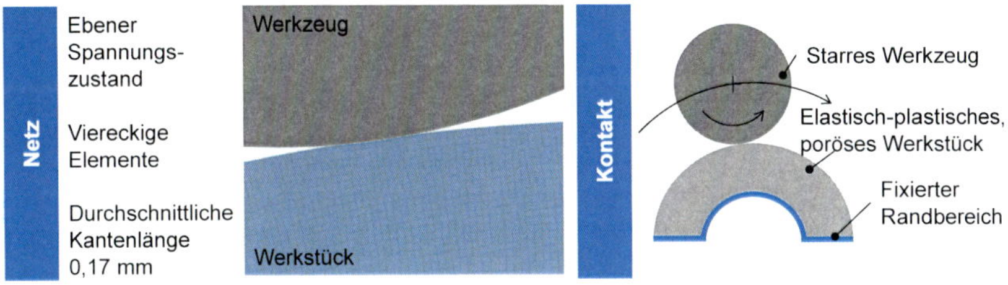

Bild 4.11: Randbedingungen der FE-Simulation
Boundary conditions within the FE simulation

Mit der FE-Simulation können zahlreiche Ausgangsgrößen berechnet werden. Die Größen, die hier zur Auswertung herangezogen wurden, sind die Verdichtung und die tangentiale Deformation der Oberfläche, da diese den Materialfluss beschreiben. Ein üblicher Prozessablauf des Dichtwalzens besteht aus mehreren Kontakten von Werkzeug und Werkstück, vgl. **Bild 4.12**.

In jedem Kontakt ändern sich die Verdichtung und die Dehnung des Werkstücks. Welcher Zustand des Werkstücks vorliegt, hängt von dem bisherigen Prozessverlauf, der Fertigungshistorie ab. In einem Kontakt, z. B. im dritten Kontakt von Werkzeug und Werkstück, liegen für unterschiedliche Prozessvarianten, z. B. zwei Varianten mit unterschiedlichem Werkzeugdurchmesser, sehr unterschiedliche Verdichtungen vor. Eine Untersuchung des Einflusses der Werkzeugdurchmesser auf den Materialfluss ist daher nur bedingt möglich. In dieser Arbeit wurde die Alternative gewählt verschiedene Verdichtungen und Dehnungen anhand von Tiefenprofilen vorzugeben und nur einen Werkzeug-Werkstückkontakt durchzuführen, vgl. Bild 4.12 unten. Dadurch kann der Einfluss des Prozessverlaufs auf den Materialfluss weitaus genauer beurteilt werden. Die zu entwickelnde Vorhersage des Materialflusses erfolgte hier durch eine Superposition der Auswirkung der verschiedenen Werkzeugkontakte des Werkstücks. Der Materialfluss beim Dichtwalzen ist durch Kenngrößen zu beschreiben, um die Ergebnisse der Simulation für ein Vorhersagemodell für den Materialfluss nutzen zu können. Dabei sind Kenngrößen heranzuziehen, die Auswirkungen auf die Verdichtung und auf die Gefügedeformation und damit den normalen und den tangentialen Materialfluss beschreiben.

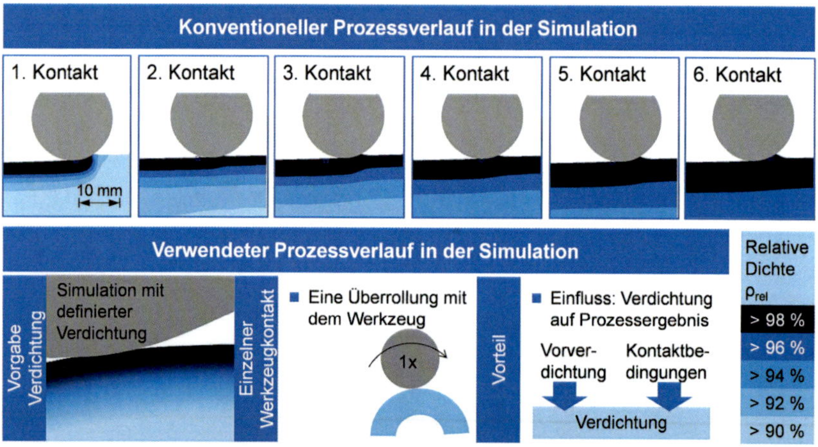

Bild 4.12: Anpassung des Prozessverlaufs in der FE-Simulation
Adaption of process sequence in FE simulation

Im Walzkontakt des Analogieprozesses von Werkzeug und Werkstück wird das Material vor dem Walzspalt verdichtet und zusätzlich entgegen der Drehrichtung des Werkstücks aus dem Walzspalt herausgedrückt. Dies führt dazu, dass sich eine gedachte Linie vom Mittelpunkt des Werkstücks zum Außendurchmesser durch den tangentialen Materialfluss verformt, sodass sie vom Mittelpunkt aus entgegen der Drehrichtung des Werkstücks n_2 verläuft, vgl. **Bild 4.13** rechts oben.

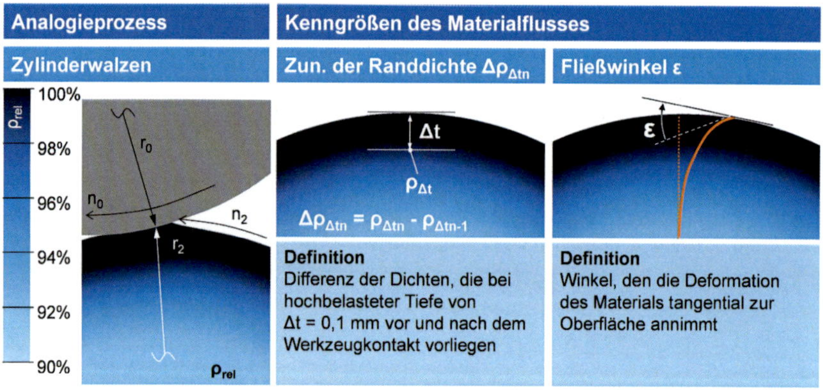

0 Werkzeug **2** Werkstück **r** Radius **n** Drehzahl ρ_{rel} Relative Dichte $\rho_{\Delta t}$ Randdichte **ε** Fließwinkel

Bild 4.13: Definition der Kenngrößen für den Materialfluss
Definition of key values for the material flow

Diese Linie wird durch den Materialfluss senkrecht zur Oberfläche gestaucht und durch den Materialfluss tangential zur Oberfläche in Querrichtung verformt. Um den

Materialfluss zu quantifizieren, wurden zwei Kenngrößen definiert. Der normale Materialfluss wurde durch die *Zunahme der Randdichte* $\Delta\rho_{\Delta tn}$ durch den Werkzeugkontakt beschrieben. Die Randdichte wurde als die Dichte bei einem Randabstand von Δt = 0,1 mm definiert. Dies ist die doppelte Tiefe des hochbelasteten Volumens bei Automobilverzahnungen, wie Untersuchungen von HAJECK, BROECKMANN ET. AL. zeigen [GRÄS14]. Die Verdopplung ergibt sich durch die Multiplikation mit einem Sicherheitsfaktor von zwei. Der tangentiale Materialfluss wurde durch den *Fließwinkel ε* beschrieben. Dies ist der Winkel zwischen der verformten Linie und der Tangente an der Oberfläche. Der *Fließwinkel ε* repräsentiert die oberflächennahe Gefügedeformation.

4.5.2 Verwendetes Materialmodell

Chosen Material Model

Die Basis des FE-Simulationsmodells ist das Materialmodell. Von KAUFFMANN wurde ein Materialmodell für das Material FE - 0,85 % Mo + 0,25 % C entwickelt, validiert und in seiner Arbeit veröffentlicht [KAUF13]. Das Modell wurde auch in der FE-Simulation, die im Folgenden ausgewertet wird, verwendet. Das Materialverhalten wird in der FE-Simulation durch die Fließkurve bei volldichtem Zustand und durch die Umrechnung in das poröse Materialverhalten definiert. Letzteres ist in Kapitel 2.5 beschrieben.

Die Fließkurve erhielt KAUFFMANN durch Stauchversuche. Dabei wurden die gepressten und gesinterten Proben zwischen zwei ebenen Platten gestaucht. Die Proben verformen sich bei Stauchversuchen aufgrund der an den Stirnflächen vorliegenden Reibung tonnenförmig. Anhand von Gleichung (4-5) wurde aus der Form der Proben und der aufgebrachten Kraft die Fließspannung zurückgerechnet [DOEG86].

$$k_f = \frac{F / A_{max}}{1 - d_{max} / 8\rho_a} \tag{4-5}$$

k_f	[MPa]	Fließspannung	F	[N]	Kraft
A_{max}	[mm²]	Maximale Fläche	d_{max}	[mm]	Maximaler Durchmesser
ρ_a	[mm]	Krümmungsradius			

KAUFFMANN ermittelte die Fließkurven in Abhängigkeit vom Umformgrad, vom Kohlenstoffgehalt und von der Dichte. Den Einfluss von Temperatur und Dehnrate auf die Fließkurven untersuchte KAUFFMANN nicht. Da beim Dichtwalzen allerdings nur geringe Temperaturen zu erwarten sind, hat die Dehnrate einen vernachlässigbaren Einfluss auf die Fließkurve [DOEG07]. Diese Vernachlässigung beeinträchtigt das Modell demnach nicht.

Die Stauchversuche wurden inkrementell durchgeführt, sodass sowohl der Umformgrad als auch die Verdichtung erfasst wurden. Anhand der Gleichung (2-1) wurden die Fließkurven in Fließkurven für 100% relative Dichte umgerechnet. Diese Fließkurven dienen der Berechnung der Fließspannung in DEFORM, vgl. Gleichung (4-6).

$$k_f = k_f(e, \dot{e}, T) \tag{4-6}$$

k_f	[MPa]	Fließspannung	$\dot{e}$	[mm/(mm·s)]	Dehnrate
e	[mm/mm]	Dehnung	T	[°K]	Temperatur

Die Berücksichtigung der Porosität erfolgt wie bei den DEFORM-Simulationen von KAUFFMANN über das Modell von KOBAYASHI ET. AL, vgl. Gleichung (2-5). Anhand der Gleichungen (2-1) und (2-2) wurden der E-Modul und die Querkontraktion dichteabhängig ermittelt.

Dieses Materialmodell validierte KAUFFMANN anhand von Schliffbildern, die er mit seiner FE-Simulation verglich. Dieser Vergleich zeigte sehr gute Übereinstimmungen.

4.5.3 Validierung des Simulationsmodells

Validation of the Simulation Model

In dieser Arbeit wird neben der Verdichtung auch der tangentiale Materialfluss betrachtet. Daher wird in diesem Kapitel die Eignung des Simulationsmodells mit dem Materialmodell von KAUFFMANN für die Untersuchung des Materialflusses überprüft. Dazu wurde der in Kapitel 4.4 vorgestellte Prüfstand verwendet.

In **Bild 4.14** ist der Verlauf der relativen Dichte vom Rand zum Kern in Experiment und Simulation qualitativ abgebildet. Der Ausschnitt wurde jeweils radial entnommen. Bei der Simulation ist der Verlauf der Dichte farblich dargestellt – je dunkler die Farbe desto weniger porös ist das Material. Bei dem Experiment sind die Poren schwarz dargestellt. Der restliche weiße Bereich ist Stahl.

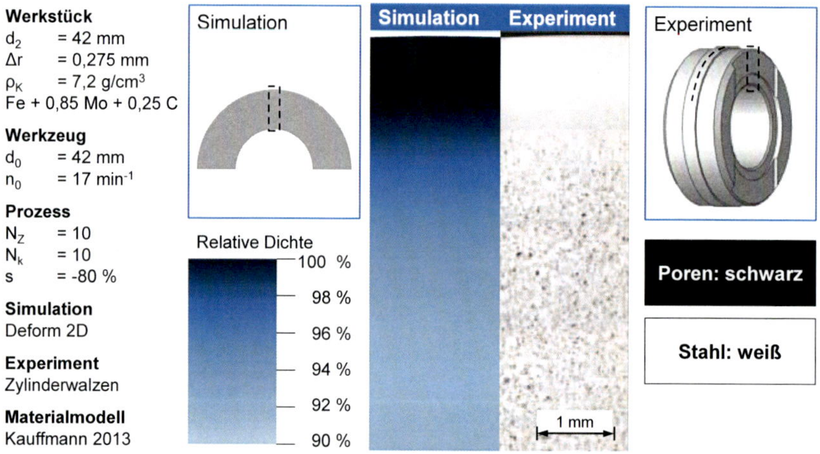

Bild 4.14: Qualitativer Vergleich der Dichteverteilung
Qualitative comparison of density distribution

Bei beiden Bildern ist die gute Oberflächenverdichtung zu erkennen. Auch der Bereich, an dem die sehr hohe Verdichtung deutlich abnimmt, liegt in der gleichen Höhe. Dieser qualitative Vergleich erlaubt bereits, die gute Übereinstimmung zwischen Simulation und Experiment zu bestätigen.

Werkstück
d_2 = 42 mm
Δr = 0,300 / 0,275 mm
ρ_K = 7,2 g/cm^3
Fe + 0,85 Mo + 0,25 C

Werkzeug
d_0 = 42 mm
n_0 = 17 min^{-1}

Prozess
N_Z = 10
N_k = 10
s = -80 / 0 %

Simulation
Deform 2D

Experiment
Zylinderwalzen

Materialmodell
Kauffmann 2013

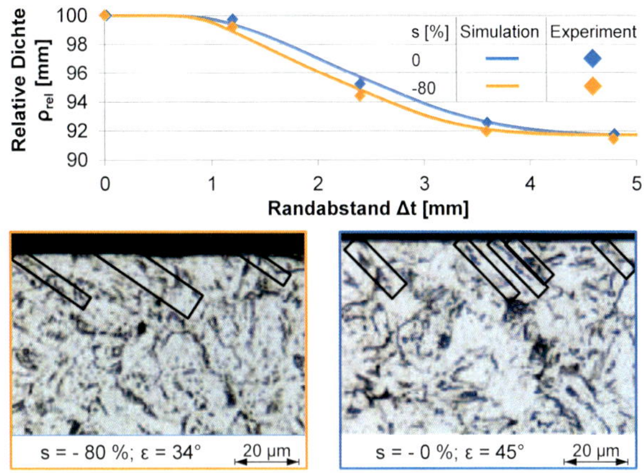

Bild 4.15: Quantitativer Vergleich der Dichteverteilung und der Gefügedeformation

Quantitative comparison of density distribution and microstructure

Am Reibkraftprüfstand wurden Experimente durchgeführt, bei denen der Schlupf und die Zustellung variiert wurden. Der Vergleich der Dichte über dem Randabstand ist in **Bild 4.15** oben dargestellt. Dabei wurde die Dichte im Experiment abschnittweise durch digitale Bildanalyse ermittelt. Die Ergebnisse der Simulation sind als durchgezogene Linie gekennzeichnet. Über der Bauteiltiefe zeigt sich eine gute Übereinstimmung von Dichteverlauf in Simulation und Experiment für beide Schlupfzustände. Beide Experimente wurden auch als Simulation abgebildet und dadurch der *Fließwinkel* ε ermittelt und mit Gefügeschliffen verglichen. In Bild 4.15 unten sind die geätzten Gefügeschliffe dargestellt, in denen das Ferrit-Perlit-Gefüge zu sehen ist. Eingerahmt sind die Bereiche, in denen die Gefügedeformation zu erkennen ist. Die Rahmen sind entsprechend der berechneten Deformation von $\varepsilon_{s\text{-}80\%}$ = 34 ° und $\varepsilon_{s0\%}$ = 45 ° ausgerichtet. Zu erkennen ist, dass die Deformation bei diesen Kontaktradien, wie auch an der Flanke beim Dichtwalzen von Zahnrädern, klein ist. Es liegt eine gute Übereinstimmung von Experiment und Simulation vor.

Die gute Übereinstimmung bzgl. der Gefügedeformation mit dem *Fließwinkel* ε sowie der vorhergesagten und ermittelten Dichte bestätigt, dass das Materialmodell aus der Arbeit von KAUFFMANN [KAUF13] auch für die Untersuchung des tangentialen Materialflusses Gültigkeit hat. Daher wird die FE-Simulation mit dem Materialmodell von KAUFFMANN im Folgenden zur Materialflussanalyse verwendet.

4.6 Fazit

Conclusion

In Kapitel 4 wurde der Prozess analysiert und die Systemgrenzen für die Untersuchung festgelegt. Weiterhin wurden die Methoden vorgestellt, die im Weiteren in der Arbeit verwendet werden. Es wurden die Kenngrößen *Zunahme der Randdichte* $\Delta\rho_{\Delta tn}$ und *Fließwinkel* ε, anhand derer der Materialfluss in normaler und tangentialer Richtung zur Oberfläche beurteilt wird, abgeleitet und damit die erste Forschungsfrage beantwortet (Durch welche Kenngrößen kann der Materialfluss beim Dichtwalzen quantifiziert werden?).

Weiterhin wurde ein Analogieprozess entwickelt, der zur verzahnungsunabhängigen Untersuchung des Materialflusses dient. Dieser dient der simulativen Untersuchung in Kapitel 5. Das Simulationsmodell wurde experimentell validiert. Dies sind wichtige Voraussetzungen für die zweite Forschungsfrage (Welchen Einfluss haben die geometrisch-kinematischen Kontaktbedingungen auf den Materialfluss beim Dichtwalzen im zylindrischen Kontakt?)

Es wurde eine geometrisch-kinematische Kontaktanalyse entwickelt, mit der der Einfluss der Prozessauslegung auf die Kontaktbedingungen beurteilt werden kann. Dies ist eine notwendige Voraussetzung für die dritte Forschungsfrage (Welchen Einfluss hat die Prozessauslegung auf die geometrisch-kinematischen Kontaktbedingungen beim Dichtwalzen von PM-Zahnrädern?).

5 Analyse des Materialflusses beim Dichtwalzen

Analysis of Material Flow in Densification Rolling

Für die Entwicklung von Vorhersagemodellen für den normalen und tangentialen Materialfluss ist die zweite Forschungsfrage zu beantworten, welchen Einfluss die geometrisch-kinematischen Kontaktbedingungen auf den Materialfluss beim Dichtwalzen im zylindrischen Kontakt haben. Dazu wird in diesem Kapitel anhand von Finite-Elemente-Simulationen untersucht, wie sich das Material pulvermetallurgisch hergestellter Zahnräder beim Dichtwalzen bewegt. Diese empirische Datenbasis bildet die Grundlage der analytisch-empirischen Vorhersagemodelle, die in Kapitel 6 entwickelt werden. In diesem Kapitel werden die Prozessgrößen Werkstückgeometrie, Werkzeuggeometrie und Bearbeitungszustand einzeln variiert und ihre Auswirkungen auf den Materialfluss beobachtet. Zuletzt werden die Wechselwirkungen zwischen den Prozessgrößen analysiert.

5.1 Simulationsplanung

Design of Simulations

Hier erfolgt eine Modellierung der Erkenntnisse durch einen analytisch-empirischen Ansatz mithilfe eines Regressionsverfahrens. Dabei ist es üblich, die Mittel der statistischen Simulationsplanung zur Reduktion der Anzahl an Simulationspunkten zu verwenden [KLEP98]. Viele kommerzielle Programme, die diese Simulationspläne auswerten, modellieren in linearen, quadratischen bis maximal kubischen Polynomen. Für viele in der Praxis relevante Optimierungsprobleme ist dieses Verfahren ein guter Kompromiss zwischen Aufwand und Nutzen. Soll jedoch ein grundlegendes Verständnis geschaffen werden, sind Polynome oft nicht geeignet, da sie über den betrachteten Untersuchungsraum hinaus – selbst qualitativ – nicht extrapolierbar sind.

In Kapitel 6 wird das Fließverhalten des porösen Materials modelliert. Bei manchen Prozessgrößen ist eine Modellierung über einen Polynomansatz nicht erfolgreich. Ein Beispiel dafür ist der Einfluss des Werkzeugkontaktradius auf den Materialfluss. Sehr kleine Kontaktradien führen zu einem deutlichen Abscheren des Materials [KOTT03]. Dieses Verhalten nimmt mit steigendem Radius degressiv ab. Demnach ist ein linearer Ansatz nicht geeignet. Jedoch steigt die quadratische Funktion außerhalb des Untersuchungsraums progressiv an. Um dieses unplausible Verhalten zu vermeiden, wurde die Simulationsplanung so vorgenommen, dass auch weitere Modellierungsfunktionen – wie Potenzfunktionen oder Logarithmen, möglich sind. Dies führte allerdings zu einem erhöhten Simulationsaufwand gegenüber quadratischen Modellen.

Variiert wurden in der Simulation die in **Bild 5.1** dargestellten Parameter. Sie wurden so gewählt, dass sie die üblichen Kontaktbedingungen abdecken, die beim Dichtwalzen automobiler Verzahnungen entstehen. Die Parameter wurden in der statistischen Simulationsplanung und in ergänzenden Stichproben berücksichtigt. Wie in Kapitel 4.5.1 beschrieben, erfolgte die Untersuchung der Prozessgrößen in je einer Überrollung in Kombination mit einer vorliegenden Vorverdichtung. Die Vorverdichtung und die Dehnung e wurde in elf Stufen variiert und basiert auf einer Simulation des gesamten Dichtwalzprozesses im Rollenversuch (vgl. Kapitel 4.5.3). Die Dehnung, die in der Simulation berücksichtigt wird, ist die logarithmische Dehnung, vgl. Gleichung (5-1).

$$e = \ln\left(\frac{l}{l_0}\right) \tag{5-1}$$

e	[mm/mm]	Dehnung	l_0	[mm]	Ursprüngliche Länge
l	[mm]	Geänderte Länge			

Die Abstufungen variieren in einem Bereich von sehr hohen Verdichtungen mit einem Bereich vollständiger Verdichtung von ca. 1 mm bis hin zu keiner Vorverdichtung. Die verschiedenen Vorbearbeitungsstufen sind unten in Bild 5.1 grafisch dargestellt. Im weiteren Verlauf wird auf die rechts im Bild angegebenen Kennwerte der vorliegenden Randdichte $\rho_{\Delta tn-1}$ und der Dehnung e verwiesen.

Parameter						
Lokales Aufmaß Δr [mm]	0,002	0,010	0,020	0,040	0,060	
Radius Werkstück R_2 [mm]	-10	-5	20	60	100	
Radius Werkzeug R_0 [mm]	1,0	1,5	2,0	2,5	10,0	18,5
Schlupf s [%]	-40	-20	0	40	80	
Reibfaktor m [-]	0,01	0,06	0,27	0,48		
Kerndichte ρ_K [g/cm³]	6,8	7,0	7,2			

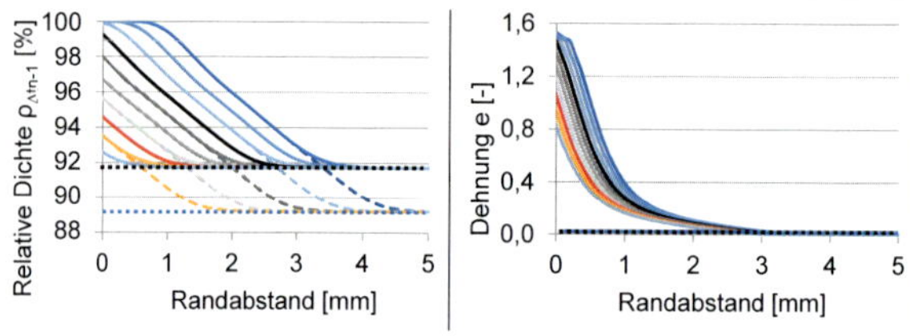

$\rho_{\Delta tn-1}$ [%]	e [-]	ρ_K [g/cm³ (%)]	
		7,2 (91,7)	7,0 (89,2)
100,00	1,49		
99,98	1,47		
99,7	1,42		
98,7	1,32		
97,4	1,23		
96,2	1,11		
95,2	1,00		
94,9	0,89		
93,1	0,78		
92,3	0,68		
ρ_K	0,00		

Bild 5.1: Simulationsplan: variierte Parameter
Design of Experiments: varied parameters

Eine vollfaktorielle Untersuchung der 6 Parameter in den angegebenen Stufen entspricht n = 5 · 5 · 6 · 5 · 4 · 3 = 9000 Simulationspunkten ohne Variation der Dichte. Mit Variation der Vorverdichtung in den angegebenen elf Stufen sind 99000 Simulationspunkte notwendig. Durch die Mittel der statistischen Simulationsplanung wurde der Aufwand gegenüber einem voll-faktoriellen Simulationsplan deutlich reduziert, vgl. **Bild 5.2**.

Zur Reduktion der Anzahl an Simulationspunkten wird der Simulationsplan d-optimal ausgelegt. Dies hat die Vorteile, dass der Simulationsraum selbst vorgegeben werden kann und Wechselwirkungen berücksichtigt werden [KLEP98]. Die Parameter wurden bis auf die Vorverdichtung in einem d-optimalen Simulationsplan mit ca. 44 Simulationspunkten zusammengefasst. Dieser Simulationsplan wurde in allen Vorbearbeitungszuständen abgebildet. Erweitert wurde der Simulationsplan durch eine verstärkte Variation der Kontaktradien, die in fünf Stufen des Vorbearbeitungszustands berücksichtigt wurde, und durch Stichproben, die insbesondere Variationen einzelner Parameter abbilden, um den Einfluss dieser Parameter auf das Fließverhalten qualitativ beurteilen zu können. Dies führte zu einer Simulationsanzahl von 699 Simulationen, da manche Parameterkombinationen nicht möglich sind und daher entfallen.

Mit einer begrenzten Anzahl an Simulationen ermöglicht der gewählte Simulationsplan ein breites Spektrum an Kontaktbedingungen abzudecken, die beim Dichtwalzen verschiedener Werkstück- und entsprechender Werkzeuggeometrien entstehen.

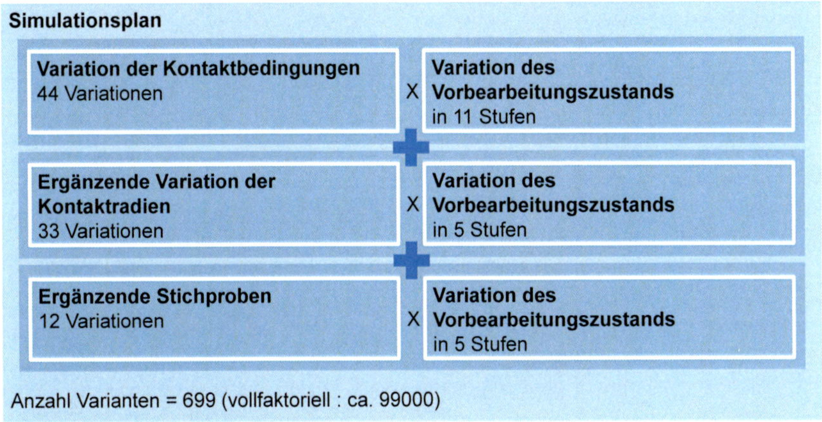

Bild 5.2: Simulationsplan: Zusammensetzung
Design of Simulations: composition

Die verschiedenen Ergebnisse des verwendeten Simulationsplans werden im Folgenden analysiert, um die Prozessgrößen mit signifikantem Einfluss auf den Materialfluss zu identifizieren und ihren Einfluss qualitativ zu beschreiben. Anschließend werden diese Erkenntnisse sowie die Ergebnisse des verwendeten Simulationsplans genutzt, um in Kapitel 6 die Modellbildung zu betreiben.

5.2 Einfluss der Werkstückgeometrie auf den Materialfluss

Influence of Workpiece Geometry on Material Flow

Die Werkstückgeometrie setzt sich beim Dichtwalzen aus zwei Komponenten zusammen. Zum einen aus der Zielgeometrie des Zahnrads und zum anderen aus der Aufmaßverteilung des Walzrohlings, vgl. Kapitel 2.4. Die Zielgeometrie des Zahnrads kann im Allgemeinen durch die Prozessoptimierung nicht beeinflusst werden. Zahnraddaten wie Modul, Eingriffs-, Schrägungswinkel, Profilverschiebung, Breite etc.

werden in der Getriebeauslegung festgelegt. Die Zahnradgeometrie beeinflusst wesentlich, welche Kontaktradien am Werkstück auftreten. Auch die Werkzeuggeometrie wird durch sie beeinflusst, vgl. Kapitel 4.2.

In **Bild 5.3** ist der Einfluss des Aufmaßes auf die Kenngrößen des Materialflusses dargestellt. Dazu wurden ein Werkstückzylinder mit einem Werkzeugzylinder mit einem jeweiligen Radius von $R_{0/2}$ = 10 mm in der FE-Simulation abgebildet. Die Kerndichte des Werkstücks beträgt ρ_K = 7,2 g/cm^3 (ρ_{Krel} = 91,7 %). Es liegt reines Abrollen mit einem Schlupf von s = 0 % und einem geringen Reibfaktor von m = 0,06 vor. Das Werkzeug hatte eine konstante Drehzahl von n_2 = 17 min^{-1} und walzt eine Strecke auf dem Werkstück von l = 13 mm. In der Mitte dieser Strecke erfolgte die Auswertung. Diese beiden Größen wurden nicht variiert. Dargestellt sind die Kenngrößen des Materialflusses *Fließwinkel ε* und die *Zunahme der Randdichte $\Delta\rho_{\Delta tn}$* bei Δt = 0,1 mm Tiefe über dem Aufmaß Δr. Farblich gekennzeichnet sind verschiedene Vorbearbeitungszustände mit einer vorliegenden relativen Randdichte von $\rho_{\Delta tn-1}$ = 91,7 % bis $\rho_{\Delta tn-1}$ = 100,0 %.

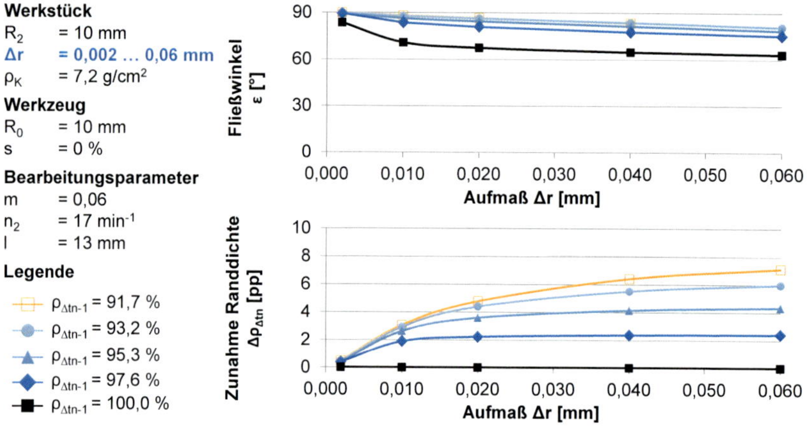

Bild 5.3: Einfluss des Aufmaßes auf den Materialfluss

Influence of stock for densification on material flow

Die Kenngrößen des Materialflusses *Fließwinkel ε* und die *Zunahme der Randdichte $\Delta\rho_{\Delta tn}$* wurden aus den FE-Simulationen – wie in Kapitel 4.5.1 beschrieben – bestimmt. Oben in Bild 5.3 ist der *Fließwinkel ε* in Grad über dem Aufmaß aufgetragen. Je näher der *Fließwinkel ε* an ε = 90 ° ist, desto geringer ist die tangentiale Deformation. Der *Fließwinkel ε* nimmt mit zunehmendem Aufmaß degressiv ab. Diese degressive Abnahme des *Fließwinkels ε* gilt für alle Vorbearbeitungszustände. Je höher die Vorverdichtung, desto geringer ist der erreichte *Fließwinkel ε*, da durch die Verdichtung der Widerstand normal zur Oberfläche sehr groß ist und das Material vorwiegend tangential fließt. Diese Reduktion ist besonders stark ausgeprägt bei Werkstücken mit einer vollständig verdichteten Randzone (vorliegenden relativen Randdichte $\rho_{\Delta tn-1}$ = 100,0 %; in Schwarz dargestellt).

Unten in Bild 5.3 ist die *Zunahme der Randdichte* $\Delta\rho_{\Delta tn}$ in Prozentpunkten angegeben. Diese Größe ist die Differenz der vorliegenden und der erreichten relativen Randdichte. Die *Zunahme der Randdichte* $\Delta\rho_{\Delta tn}$ steigt mit zunehmendem Aufmaß degressiv. Die Steigung der *Zunahme der Randdichte* $\Delta\rho_{\Delta tn}$ ist bei höherer Vorverdichtung deutlich geringer als bei niedriger Vorverdichtung. Ist die Randzone bereits vollständig verdichtet (schwarze Kurve), ist keine weitere *Zunahme der Randdichte* $\Delta\rho_{\Delta tn}$ möglich. Die Ergebnisse in Bild 5.3 zeigen, dass mit zunehmender, *vorliegender Randdichte* $\rho_{\Delta tn-1}$ das Material vermehrt tangential fließt und somit der *Fließwinkel* ε sinkt, während die *Zunahme der Randdichte* $\Delta\rho_{\Delta tn}$ weiter – jedoch degressiv – steigt.

Zur Erklärung wurde hier das Schichtmodell von KAUFFMANN herangezogen [KAUF13]. Die zu verdichtende Oberfläche kann gedanklich in mehrere Schichten unterteilt werden. Erst wenn eine Schicht nahezu verdichtet ist und dadurch genügend Stabilität aufweist, sorgt die durch das Werkzeug erzeugte Druckspannung für eine Verdichtung der nächsten Schicht.

Dieses Modell wird hier ergänzt durch den Erklärungsansatz des Verdichtungspotenzials: Ein poröses Material hat ein Verdichtungspotenzial, das seiner Porosität entspricht. Bei lokalen Verdichtungsverfahren wie dem Dichtwalzen wird nach und nach die Randzone verdichtet und dementsprechend das Verdichtungspotenzial lokal reduziert. Wirkt die aufgebrachte Last jedoch vornehmlich in dem Bereich mit geringem Verdichtungspotenzial, fließt das Material auch tangential. Dies erfolgt immer dann, wenn in tangentialer Richtung ein geringerer Widerstand als in normaler Richtung vorliegt, also wenn das Verdichtungspotenzial der Randzone gering ist. Begünstigt wird der tangentiale Materialfluss darüber hinaus durch die Kontaktbedingungen, deren Einfluss auf den Materialfluss in diesen Untersuchungen quantifiziert werden soll.

Auch die degressive *Zunahme der Randdichte* $\Delta\rho_{\Delta tn}$ bei zunehmendem Aufmaß in Bild 5.3 kann anhand des Verdichtungspotenzials erklärt werden. Die *Zunahme der Randdichte* $\Delta\rho_{\Delta tn}$ ist durch das Verdichtungspotenzial begrenzt. Ab einem bestimmten Aufmaß ist keine weitere Zunahme der Verdichtung bei zunehmendem Aufmaß zu erwarten. Aufgrund des geringen Verdichtungspotenzials fließt das überschüssige Material tangential. Damit steigt die *Zunahme der Randdichte* $\Delta\rho_{\Delta tn}$ degressiv über dem Aufmaß und gleichzeitig sinkt der *Fließwinkel* ε überproportional bei vollständiger Vorverdichtung. In dem geringen Verdichtungspotenzial begründet sich auch die abnehmende Steigung der *Zunahme der Randdichte* $\Delta\rho_{\Delta tn}$ über steigendem Aufmaß bei höheren Vorverdichtungen.

In **Bild 5.4** sind die Kenngrößen des Materialflusses für verschiedene Werkstückkontaktradien dargestellt. Die Struktur des Bildes entspricht der von Bild 5.3. Die Werkstückkontaktradien wurden von negativen Werten R_2 = -10 mm bis hin zu großen, positiven Werten von R_2 = 50 mm variiert. Da hier auch negative Radien in Kontakt kommen, wurde der Werkzeugradius entsprechend klein gewählt (R_0 = 1,5 mm), um die konkaven Oberflächen zu walzen. Die Variation des Werkstückkontaktradius wurde bei einem mittleren Reibfaktor von m = 0,27, ohne Schlupf (s = 0 %) und mit einem mittleren Aufmaß von Δr = 0,04 mm durchgeführt.

Der Materialfluss am theoretischen Werkstückkontaktradius von R_2 = 0 mm ist nicht beschreibbar, da um diesen Bereich sehr kleine, aber entweder positive oder negative Radien vorliegen. Über den Verlauf der Kurven bei einem theoretischen Werkstückkontaktradius von R_2 = 0 mm kann keine Aussage getroffen werden, daher wurden die Kurven in diesem Bereich nicht verbunden.

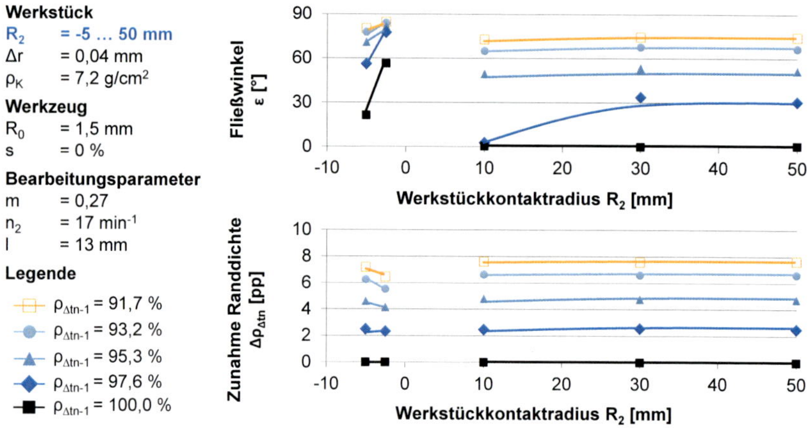

Bild 5.4: Einfluss des Werkstückkontaktradius auf den Materialfluss
Influence of workpiece contact radius on material flow

Der *Fließwinkel* ε sinkt bei negativen Radien mit steigendem Betrag des Werkstückkontaktradius. Bei positiven Werkstückkontaktradien liegen gegenüber negativen Werkstückkontaktradien geringere *Fließwinkel* ε vor, die mit dem Werkstückkontaktradius ansteigen. Dieser Verlauf ist für alle Vorbearbeitungszustände festzustellen, allerdings bei den Werkstücken mit einer *vorliegenden Randdichte* $\rho_{\Delta tn\text{-}1}$ = 97,6 % und $\rho_{\Delta tn\text{-}1}$ = 100,0 % deutlich stärker ausgeprägt als bei Werkstücken mit geringeren Randdichten. Wie bei Bild 5.3 ist auch hier der *Fließwinkel* ε deutlich geringer je höher die *vorliegende Randdichte* $\rho_{\Delta tn\text{-}1}$ ist. Bei negativen Werkstückkontaktradien steigt die *Zunahme der Randdichte* $\Delta\rho_{\Delta tn}$ mit steigendem Betrag des Werkstückkontaktradius. Bei positiven Werten steigt sie degressiv an. Ähnlich wie in Bild 5.3 ist die *Zunahme der Randdichte* $\Delta\rho_{\Delta tn}$ umso geringer, desto höher die Vorverdichtung ist.

Im Vergleich zu Bild 5.3 können zwei wesentliche Änderungen festgehalten werden. Es treten Bedingungen mit deutlich stärkerem, tangentialem Materialfluss auf und der Verlauf der Kenngrößen über dem Werkstückkontaktradius ist nicht stetig. Der höhere tangentiale Materialfluss ist durch den geringen Werkzeugkontaktradius R_0 zu begründen. Dies wird in Kapitel 5.3 näher erläutert.

Um den Materialfluss im Übergangsbereich von negativen und positiven Werkstückkontaktradien zu verstehen, ist es hilfreich sich die einzelnen Kontaktradien anzusehen, vgl. **Bild 5.5**. Wird die Werkstückgeometrie über den Radius sortiert, liegt im Übergangsbereich (dem theoretischen Werkstückkontaktradius von R_2 = 0 mm) eine Unstetigkeitsstelle bezüglich der Kontaktbedingungen vor: Um diesen Bereich liegen sehr kleine, entweder positive oder negative Radien, die in unterschiedlichen Kontaktbedingungen resultieren. Deutlich wird das auch, wenn statt des Radius die Krümmung angegeben wird. Die Krümmung ist der Kehrwert des Radius. In dem Übergangsbereich wird die Krümmung betragsweise unendlich, vgl. auch Bild 5.5 Mitte.

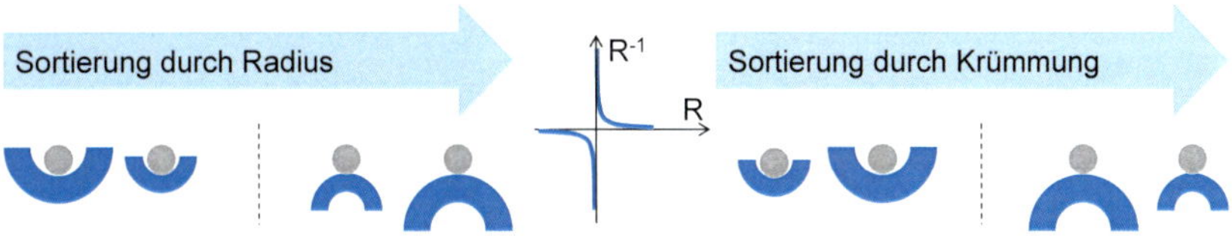

-5	-2	0	10	20	Radius R_2 [mm]	-2	-5	+/-∞	20	10
-0,2	-0,5	+/-∞	0,10	0,05	Krümmung R_2^{-1} [mm^{-1}]	-0,5	-0,2	0	0,05	0,10

Bild 5.5: Sortierung über dem Radius und über der Krümmung

Sorting by radius and by curvature

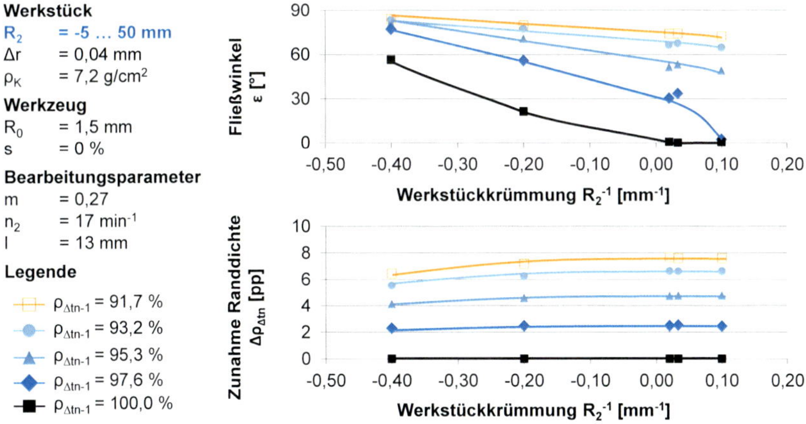

Bild 5.6: Einfluss der Werkstückkrümmung auf den Materialfluss

Influence of workpiece curvature on material flow

Der Übergangsbereich zwischen konkaven und konvexen Krümmungen wird durch Werkstücke mit einer Werkstückkontaktkrümmung R_2^{-1} = 0 mm^{-1} beschrieben. Diese entspricht einem unendlichen Werkstückkontaktradius, also einem flachen Werkstück. Der Übergangsbereich resultiert hier im Gegensatz zur Sortierung über den Radius in gleichen Kontaktbedingungen für konkave und konvexe Werkstücke. Da diese Darstellung demnach die Unstetigkeitsstelle bei der Beschreibung der Kontaktbedingungen vermeidet, wurde diese Beschreibung im Folgenden bei variierenden Werkstückgeometrien verwendet.

Bild 5.6 zeigt die Ergebnisse aus Bild 5.4 über der Krümmung statt über dem Radius aufgetragen. Der *Fließwinkel* ε wird mit zunehmender Krümmung geringer. Die *Zunahme der Randdichte* $\Delta\rho_{\Delta tn}$ zeigt über der Werkstückkrümmung einen stetigsteigenden Verlauf. Die Werkstückkrümmung ist daher dem Werkstückradius zur Beschreibung der Kenngrößen des Materialflusses vorzuziehen.

Zusammenfassend kann festgehalten werden, dass die Werkstückgeometrie über das Aufmaß und die Werkstückkontaktradien bzw. die Werkstückkontaktkrümmung den Materialfluss wesentlich steuert und daher beide Parameter in die Modellbildung einbezogen werden müssen. Weiterhin wurde die *vorliegende Randdichte* $\rho_{\Delta tn-1}$ als Kenngröße für das verbleibende Verdichtungspotenzial identifiziert. Es gilt: je größer das lokale Aufmaß, die *vorliegende Randdichte* $\rho_{\Delta tn-1}$ und die Werkstückkrümmung, desto größer ist der tangentiale Anteil des Materialflusses.

5.3 Einfluss der Werkzeuggeometrie auf den Materialfluss

Influence of Tool Geometry on Material Flow

Die Werkzeuggeometrie wird über die Werkstückgeometrie und die Freiheitsgrade Profilverschiebung und Zähnezahl definiert, vgl. Kapitel 4.2. Sie beeinflusst wiederum den Werkzeugkontaktradius und damit die geometrischen Kontaktbedingungen mit dem Werkstück. Weiterhin wird durch sie auch der resultierende Schlupf zwischen Werkstück und Werkzeug festgelegt, vgl. Kapitel 4.2. Anhand des Stands der Technik ist davon auszugehen, dass somit auch die Reibung beeinflusst wird, vgl. Kapitel 2.6. Im Folgenden wird der Einfluss dieser Parameter auf den Materialfluss analysiert.

In **Bild 5.7** ist der Einfluss des Werkzeugradius auf den Materialfluss für den Kontakt mit einem konvexen Werkstück mit einem Radius von $R_2 = 10$ mm, einer Kerndichte von $\rho_K = 7{,}2$ g/cm^3 und einem Aufmaß von $\Delta r = 0{,}04$ mm dargestellt. Der Werkzeugkontaktradius variierte von $R_0 = 1{,}5$ mm bis $R_0 = 18{,}5$ mm. Es lag kein Schlupf ($s = 0$ %) und ein mittlerer Reibfaktor $m = 0{,}27$ vor.

Der *Fließwinkel* ε steigt mit zunehmendem Werkzeugkontaktradius degressiv. Zwischen den beiden größten untersuchten Radien $R_0 = 10{,}0$ mm und $R_0 = 18{,}5$ mm ändert sich der *Fließwinkel* ε nur geringfügig. Eine höhere Vorverdichtung führt bei kleinen Werkzeugkontaktradien zu kleineren Fließwinkeln und damit zu einer höheren Steigung des *Fließwinkels* ε über dem Werkzeugkontaktradius. Bei einer vollständig verdichteten Randzone kommt es unter diesen Kontaktbedingungen zu einem *Fließwinkel* von ungefähr $\varepsilon \approx 0$ °.

Die *Zunahme der Randdichte $\Delta\rho_{\Delta tn}$* sinkt mit zunehmenden Werkzeugkontaktradien leicht degressiv. Die *Zunahme der Randdichte $\Delta\rho_{\Delta tn}$* ist umso höher, je geringer die vorliegende Vorverdichtung ist. Die Steigung der Kurven über dem Werkzeugkontaktradius nimmt nur leicht ab von geringen zu hohen Vorverdichtungen.

Wie bereits in der Literatur dargestellt, begünstigt ein kleiner Kontaktradius des Werkzeuges das Abscheren des Materials [KOTT03]. Dies bestätigt Bild 5.7 durch die deutliche Reduktion des *Fließwinkels ε*. Der Materialfluss wird in der Oberfläche generell erhöht, da bei kleinen Werkzeugkontaktradien auch hohe *Zunahmen der Randdichte $\Delta\rho_{\Delta tn}$* vorliegen. Die Werkzeuge mit kleinen Kontaktradien erzeugen im Kontakt mit dem Werkstück hohe Druckspannungen an der Oberfläche, die nicht weit in das Material hineinreichen. Daher wird in der Randzone eine höhere Verdichtung erreicht, wobei das Dichtetiefenprofil steiler auf die Kerndichte abfällt als bei größeren Werkzeugkontaktradien. Auch bei diesen Beispielen wird der bisher erfasste Einfluss der Vorverdichtung auf den Materialfluss bestätigt.

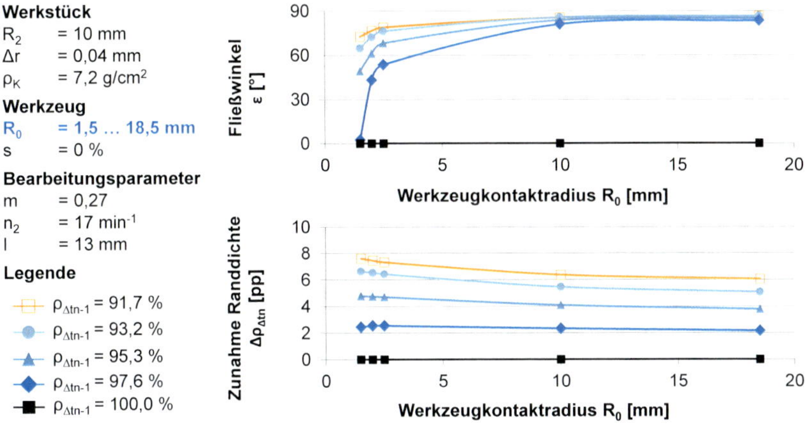

Bild 5.7: Einfluss des Werkzeugkontaktradius auf den Materialfluss 1/2
Influence of tool radius on material flow 1/2

In **Bild 5.8** ist der Einfluss der Werkzeuggeometrie auf den Materialfluss für den konvex-konkaven Kontakt mit einem Werkstückkontaktradius von R_2 = -2,5 mm abgebildet. Kerndichte und Aufmaß sind mit ρ_K = 7,2 g/cm^3 von Δr = 0,04 mm identisch zu Bild 5.7. Der Werkzeugkontaktradius variierte von R_0 = 1,00 mm bis R_0 = 2,45 mm. Es lag kein Schlupf (s = 0 %) und ein mittlerer Reibfaktor m = 0,27 vor.

Der *Fließwinkel ε* steigt mit steigendem Werkzeugkontaktradius degressiv an. Die Kurvensteigung ist bei hohen Vorverdichtungen deutlich höher und die Werte des *Fließwinkels ε* generell kleiner gegenüber den unverdichteten Varianten. Bei dem größten untersuchten Werkzeugkontaktradius R_0 = 2,45 mm liegt bei allen Varianten ein *Fließwinkel ε* von ca. ε ≈ 90 ° vor.

Die *Zunahme der Randdichte* $\Delta\rho_{\Delta tn}$ sinkt bei Werkstücken ohne Vorverdichtung degressiv über dem Werkzeugkontaktradius. Bei stärkeren Vorverdichtungen steigt die *Zunahme der Randdichte* $\Delta\rho_{\Delta tn}$ zunächst an, bevor sie dann auch degressiv abfällt. Wie bereits beobachtet, ist die *Zunahme der Randdichte* $\Delta\rho_{\Delta tn}$ kleiner, umso höher die *vorliegende Randdichte* $\rho_{\Delta tn-1}$ ist.

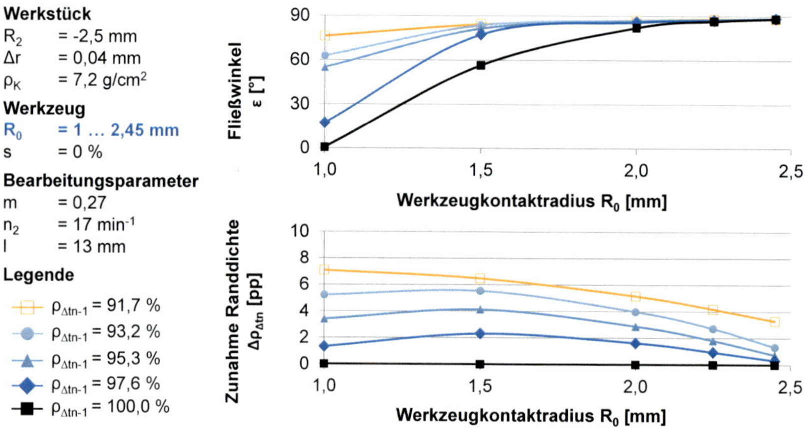

Bild 5.8: Einfluss des Werkzeugkontaktradius auf den Materialfluss 2/2
Influence of tool radius on material flow 2/2

Mit steigendem Werkzeugkontaktradius im konvex-konkaven Kontakt wird der Unterschied der Radien von Werkzeug und Werkstück immer kleiner bzw. die Radiensumme kleiner. Die Berechnung der Radiensumme zeigt Gleichung (5-2):

$$\Sigma R = R_0 + R_2 \tag{5-2}$$

R_0	[mm]	Krümmungsradius Werkzeug	ΣR	[mm]	Radiensumme
R_2	[mm]	Krümmungsradius Werkstück			

Eine kleinere Radiensumme bedeutet einen größeren Bereich des Kontakts von Werkzeug und Werkstück, vgl. **Bild 5.9**.

Bild 5.9: Auswirkung der Radiensumme auf die Kontaktbedingungen
Effect of sum of radii on contact conditions

Ähnlich wie in Bild 5.7, führt dies zu einer Reduktion des tangentialen Materialflusses in der Oberfläche, die durch große *Fließwinkel* ε identifiziert werden kann. Der flache

Spalt zwischen Werkzeug und Werkstück führt zur Kompression des Aufmaßes über eine lange Strecke, vgl. Bild 5.9. Dies äußert sich in einem geringen tangentialen Materialfluss. Durch die Kompression in einem flachen Spalt resultiert ein Dichtetiefenprofil, das eine geringere Randdichte und einen geringeren Gradienten der Dichte über der Tiefe aufweist.

In **Bild 5.10** ist dargestellt, wie die Summe der Kontaktradien den Materialfluss beeinflusst. Hierfür wurden verschiedene Werkzeug- und Werkstückpaarungen mit konkavem Werkstück und einer konstanten Radiensumme von $\Sigma R = R_2 + R_0 = 0{,}05$ mm ausgewählt. Wie in Bild 5.7 und Bild 5.8 sind die Kerndichte des Werkstücks $\rho_K = 7{,}2$ g/cm^3, das Aufmaß $\Delta r = 0{,}04$ mm, der Schlupf s = 0 % und der Reibfaktor m = 0,27.

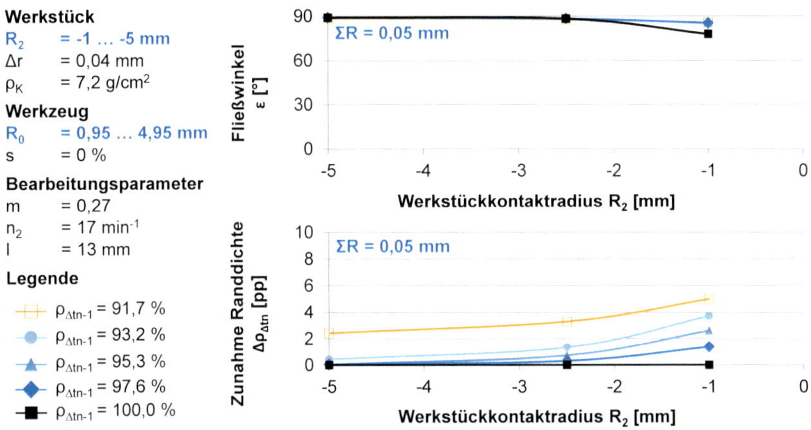

Bild 5.10: Einfluss des Werkstückkontaktradius auf den Materialfluss bei konstanter Radiensumme

Influence of workpiece contact radius on material flow with constant sum of radii

Der *Fließwinkel* ε ist für alle Varianten sehr groß mit Werten zwischen $85° \leq \varepsilon \leq 90$ °. Nur für eine vollständig verdichtete Randzone ($\rho_{\Delta tn-1}$ = 100 %) und einen sehr kleinen Kontaktradius des Werkstücks von $R_2 = -1$ mm sinkt der *Fließwinkel* auf $\varepsilon \approx 78$ °. Über alle Werte kann eine leichte Abnahme des *Fließwinkels* ε für kleinere Kontaktradien festgestellt werden.

Die *Zunahme der Randdichte* $\Delta\rho_{\Delta tn}$ zeigt größere Unterschiede als der *Fließwinkel* ε für eine Variation der Werkstückkontaktradien mit konstanter Radiensumme. Die *Zunahme der Randdichte* $\Delta\rho_{\Delta tn}$ steigt mit sinkendem Betrag des Werkstückkontaktradius an. Je geringer die Vorverdichtung, desto höher die erreichten Werte.

Sowohl der *Fließwinkel* ε als auch die *Zunahme der Randdichte* $\Delta\rho_{\Delta tn}$ zeigen somit ein gegenüber Bild 5.4 umgekehrtes Verhalten über negativen Werkstückkontaktradien. Der wesentliche Unterschied dieser Ergebnisse liegt in der Radiensumme. Im Folgenden wird statt der Radiensumme die Krümmungssumme von Werkzeug und Werkstück angegeben, da hier die unterschiedlichen Kontaktradien bei unterschiedlichen und bei gleichen Vorzeichen gut beschrieben werden. Die Berechnung der Krümmungssumme zeigt Gleichung (5-3). Die Gleichung zeigt auch, dass die Krümmungssumme der Kehrwert des Ersatzkrümmungsradius ρ_{Ers} nach HERTZ ist [HERT82].

$$\Sigma R^{-1} = R_0^{-1} + R_2^{-1} = \frac{R_0 + R_2}{R_0 \cdot R_2} = \frac{1}{\rho_{Ers}} \tag{5-3}$$

R_0	[mm]	Krümmungsradius Werkzeug	ΣR^{-1}	[mm]	Krümmungssumme
R_2	[mm]	Krümmungsradius Werkzeug	ρ_{Ers}	[mm]	Ersatzkrümmungsradius

Die Krümmungssumme ist näher zu untersuchen, um ihren Einfluss auf den Materialfluss beim Dichtwalzen zu verstehen. Die Krümmungssumme ist groß, wenn bei gleichem Vorzeichen ein Radius bzw. beide Radien sehr klein sind oder bei ungleichem Vorzeichen die Radien sehr unterschiedlich groß sind, vgl. **Tabelle 1**.

Tabelle 1: Krümmungssumme und zugehörige Kontaktradien

R_0	4,95	10	1,5	2	2	1	1,5	1,5	1
R_2	-5	50	-2,5	-5	10	-2,5	50	30	10
ΣR^{-1}	0,002	0,12	0,3	0,3	0,6	0,6	0,69	0,7	1,1

In **Bild 5.11** sind die Kenngrößen des Materialflusses über der Krümmungssumme für verschiedene Vorbearbeitungszustände aufgetragen. Die Radien des Werkstücks variierten von R_2 = -5 mm bis R_2 = 50 mm, die Radien des Werkzeugs von R_0 = 1,9 mm bis R_0 = 18,5 mm. Die Kerndichte war ρ_K = 7,2 g/cm^3, das Aufmaß Δr = 0,04 mm, der Schlupf s = 0 % und der Reibfaktor m = 0,27.

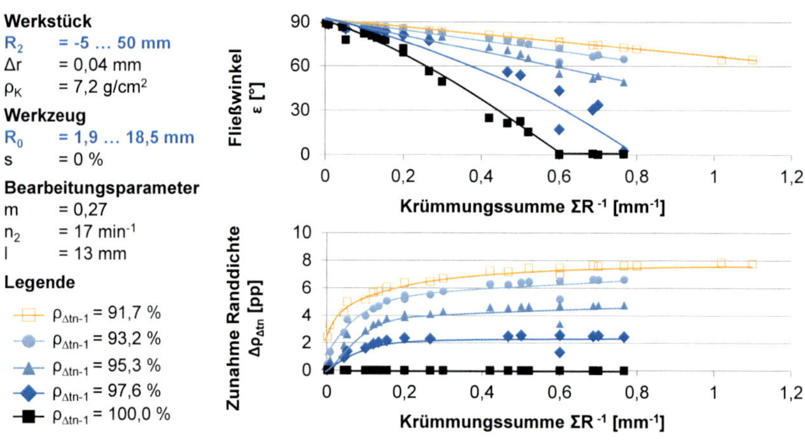

Bild 5.11: Einfluss der Krümmungssumme auf den Materialfluss

Influence of sum of curvature on material flow

Der *Fließwinkel* ε nimmt mit steigender Krümmungssumme ab. Je höher die Vorverdichtung ist, desto höher ist die Steigung der Kurve über der Krümmungssumme. Wie bisher beobachtet, führt eine höhere Vorverdichtung zu kleineren *Fließwinkeln* ε. Die *Zunahme der Randdichte* $\Delta\rho_{\Delta tn}$ steigt degressiv über der Krümmungssumme an. Die Vorverdichtung hat einen starken Einfluss auf die Steigung der Kurve über der Krümmungssumme, besonders bei kleinen Krümmungssummen.

Bild 5.11 zeigt einen deutlichen Zusammenhang zwischen der Krümmungssumme von Werkzeug und Werkstück. Jedoch sind auch Abweichungen von diesem Zusammenhang zu erkennen. Zwei verschiede Kombinationen von Werkzeug- und Werkstückgeometrien führten zu der gleichen Krümmungssumme ΣR^{-1} = 0,6 mm (hervorgehoben in Tabelle 1). Die Werte resultieren jedoch in unterschiedlichen Werten für die Kenngrößen *Fließwinkel* ε und *Zunahme der Randdichte* $\Delta\rho_{\Delta tn}$, vgl. Bild 5.11. Da die Krümmungssumme die Beschreibung eines sehr weiten Spektrums an Kontaktbedingungen ermöglicht, soll sie für die Beschreibung der Geometrieeinflüsse verwendet werden.

Neben den Kontaktradien wird durch die Geometrie von Werkzeug und Werkstück auch der lokal auftretende Schlupf definiert. In der FE-Simulation wurde der Schlupf über die Rotation des Werkzeugs vorgegeben. In **Bild 5.12** ist der Einfluss des Schlupfs auf die Kenngrößen des Materialflusses am Beispiel eines konvex-konvexen Kontakts dargestellt. Werkstück und Werkzeug hatten einen jeweiligen Radius von $R_{0/2}$ = 10 mm. Die Kerndichte des Werkstücks betrug ρ_K = 7,2 g/cm^3 (ρ_{Krel} = 91,7 %). Das Werkstück verfügte über ein lokales Aufmaß von Δr = 0,04 mm und es lag ein Reibfaktor von m = 0,27 vor.

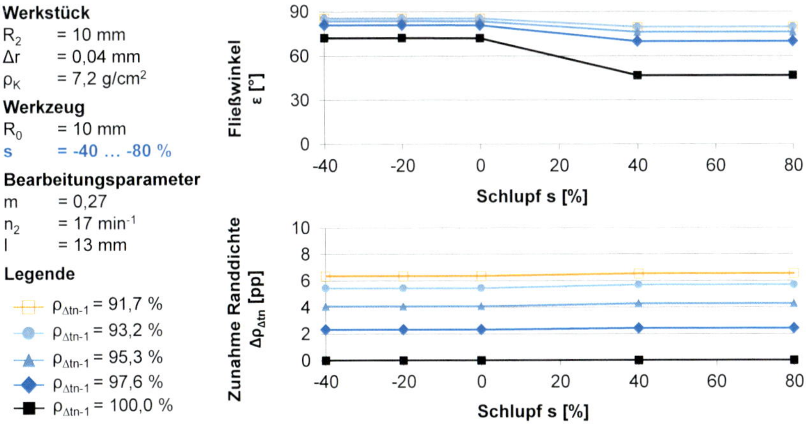

Bild 5.12: Einfluss des Schlupfs auf den Materialfluss
Influence of slip on material flow

Der *Fließwinkel ε* sinkt mit dem Schlupf ab. Dabei liegt eine deutliche Verminderung im Übergangsbereich von keinem Schlupf zu positivem Schlupf vor. Außerhalb dieses Bereichs sinkt der *Fließwinkel ε* über zunehmenden Schlupf zwar stetig ab, kann aufgrund der geringen Steigung allerdings als nahezu konstant über dem Schlupf beschrieben werden. Die Steigungsänderung im Übergangsbereich ist insbesondere bei hohen, *vorliegenden Randdichten* $\rho_{\Delta tn\text{-}1}$ festzustellen, wobei die Werte immer unterhalb deren von niedrigeren Randdichten bleiben. Die *Zunahme der Randdichte* $\Delta\rho_{\Delta tn}$ steigt gering mit zunehmendem Schlupf. Auch hier ist die Änderung im Bereich zwischen einem Schlupf von s = 0 % und einem Schlupf von s = 40 % am höchsten. Aufgrund der geringen Änderungen kann die *Zunahme der Randdichte* $\Delta\rho_{\Delta tn}$ als konstant gegenüber dem Schlupf angenommen werden.

Ein negativer Schlupf bedeutet, dass das Werkzeug der Umformbewegung, die aus der Verdrängung des Materials im Walzspalt resultiert, in gewissem Maße entgegenwirkt, da es durch seine Relativbewegung zum Werkstück das zu verdrängende Material in den Walzspalt zieht. Dies äußert sich in einem erhöhten Fließwinkel gegenüber den positiven Schlupfwerten. Auf die Verdichtung hat die Relativbewegung keinen signifikanten Einfluss.

In **Bild 5.13** ist der Einfluss des Reibfaktors auf die Kenngrößen des Materialflusses dargestellt. In der FE-Simulation kann der Reibfaktor im Gegensatz zum Experiment direkt vorgegeben werden. Im Experiment kann die Reibung zwar durch unterschiedliche Schmierung beeinflusst werden, jedoch ist es nicht möglich, den Reibfaktor gezielt einzustellen.

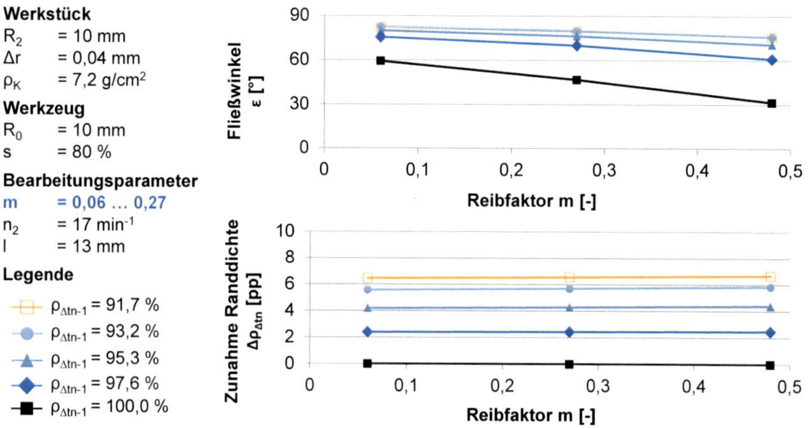

Bild 5.13: Einfluss des Reibfaktors auf den Materialfluss

Influence of friction factor on material flow

Der Einfluss des Reibfaktors auf den Materialfluss wurde am Beispiel eines konvex-konvexen Kontakts mit Kontaktradien von $R_{0/2}$ = 10 mm untersucht. Die Kerndichte des Werkstücks betrug $\rho_K = 7{,}2$ g/cm^3. Es wurde ein Schlupf von s = 80 % und ein Aufmaß von $\Delta r = 0{,}04$ mm gewählt.

Der *Fließwinkel* ε sinkt mit zunehmendem Reibfaktor linear. Die Steigung der Kurve über dem Reibfaktor steigt dabei wesentlich mit zunehmender, *vorliegender Randdichte* $\rho_{\Delta tn-1}$. Die *Zunahme der Randdichte* $\Delta\rho_{\Delta tn}$ wird kaum von dem Reibfaktor beeinflusst. Sie steigt mit steigendem Reibfaktor minimal an.

Demnach ist die Verdichtung von dem Reibfaktor unabhängig, der *Fließwinkel* ε hängt jedoch linear vom Reibfaktor ab. Der Einfluss des Reibfaktors auf den Materialfluss steigt bei höheren Vorverdichtungen. Solange das Verdichtungspotenzial noch ausreicht, damit das Material radial fließen kann, ändert sich der *Fließwinkel* ε nur gering mit steigendem Reibfaktor. Ist der tangentiale Materialfluss jedoch durch die Randbedingungen bereits begünstigt, wird er durch hohe Reibung weiter gesteigert.

Zusammenfassend wird festgehalten, dass die geometrischen Kontaktbedingungen, die sich aus den Werkstück- und Werkzeugkontaktradien ergeben, den tangentialen und den normalen Materialfluss wesentlich beeinflussen. Die Parameter Schlupf und Reibung haben dagegen kaum Einfluss auf den normalen, aber deutlichen Einfluss auf den tangentialen Materialfluss.

5.4 Einfluss des Vorbearbeitungszustands auf den Materialfluss

Influence of Preprocessing Condition on Material Flow

Neben den geometrisch-kinematischen Kontaktbedingungen wird der Materialfluss beim Dichtwalzen auch durch den Vorbearbeitungszustand beeinflusst. Dazu gehört neben der *vorliegenden Randdichte* $\rho_{\Delta tn-1}$ die Kerndichte nach dem Pressen und Sintern. Der Einfluss des Vorbearbeitungszustands wurde in den bisher gezeigten Ergebnissen u. a. daran beobachtet, dass höhere Vorverdichtungen zu kleineren *Fließwinkeln* ε und *Zunahmen der Randdichte* $\Delta\rho_{\Delta tn}$ geführt haben. Im Folgenden sollen diese Effekte näher analysiert werden.

In **Bild 5.14** ist der Einfluss der *vorliegenden Randdichte* $\rho_{\Delta tn-1}$ auf den tangentialen und normalen Materialfluss dargestellt. Für *Fließwinkel* ε und *Zunahme der Randdichte* $\Delta\rho_{\Delta tn}$ sind die gleichen Ergebnisse wie in Bild 5.13 – hier jedoch über der Randdichte für verschiedene Reibfaktoren – aufgetragen. Wie in Bild 5.13 ist hier ein sinkender *Fließwinkel* ε mit zunehmender Randdichte und zunehmendem Reibfaktor ersichtlich. Die Darstellung in Bild 5.14 ermöglicht jedoch eine qualitative Bewertung des Einflusses der Randdichte auf den Materialfluss. Ohne Vorverdichtung liegen hohe *Fließwinkel* ε im Bereich von $76° \leq \varepsilon \leq 83$ °vor. Mit zunehmender Randdichte fällt der *Fließwinkel* ε progressiv ab. Die Steigung der Kurve hängt dabei von dem Reibfaktor ab. In dieser Ansicht ist auch kein Einfluss des Reibfaktors auf die *Zunahme der Randdichte* $\Delta\rho_{\Delta tn}$ zu sehen. Mit steigender *vorliegender Randdichte* $\rho_{\Delta tn-1}$ nimmt die *Zunahme der Randdichte* $\Delta\rho_{\Delta tn}$ leicht progressiv ab.

Bild 5.14 zeigt den starken Einfluss der Vorverdichtung auf den Materialfluss. Durch das reduzierte Verdichtungspotenzial bei hoher Vorverdichtung wird der tangentiale Materialfluss überproportional gefördert. Das reduzierte Verdichtungspotenzial wirkt sich proportional in der reduzierten *Zunahme der Randdichte* $\Delta\rho_{\Delta tn}$ aus.

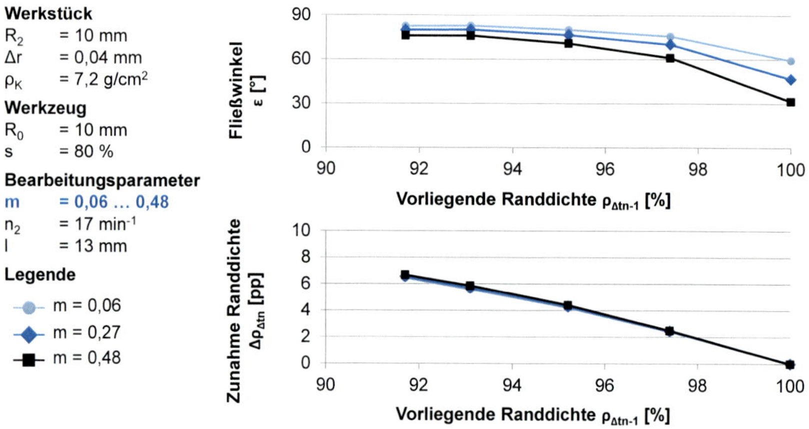

Bild 5.14: Einfluss der vorliegenden Randdichte $\rho_{\Delta tn-1}$ auf den Materialfluss
Influence of existing surface density $\rho_{\Delta tn-1}$ on material flow

Eine weitere Kenngröße des Vorbearbeitungszustands ist die Kerndichte, die durch Pressen und Sintern des Walzrohlings entsteht. Die Kerndichte beeinflusst direkt das Verdichtungspotenzial des Werkstücks. Daher wird an dieser Stelle der Einfluss der Randdichte quantifiziert. In **Bild 5.15** sind der *Fließwinkel* ε und die *Zunahme der Randdichte* $\Delta\rho_{\Delta tn}$ über verschiedene Kerndichten aufgetragen.

Werkzeug und Werkstück hatten jeweils einen Kontaktradius von $R_{2/0}$ = 10 mm es lag kein Schlupf (s = 0 %) und ein Reibfaktor von m = 0,27 vor. Das Werkstück hatte ein Aufmaß von Δr = 0,04 mm. Bei gegebener Vorverdichtung ist der *Fließwinkel ε* über der Kerndichte konstant. Für die verschiedenen Vorverdichtungen resultieren unterschiedliche *Fließwinkel ε*, wie anhand von Bild 5.14 beschrieben. Auch die *Zunahme der Randdichte* $\Delta\rho_{\Delta tn}$ ist bei vorliegender Vorverdichtung für unterschiedliche Kerndichten konstant. Liegt jedoch nur Kerndichte – also keine Vorverdichtung – vor, dann nimmt die *Zunahme der Randdichte* $\Delta\rho_{\Delta tn}$ und der *Fließwinkel ε* mit steigender Kerndichte linear ab.

An dem geringen Einfluss der Kerndichte wird abgeleitet, dass vor allem das lokale Verdichtungspotenzial den Materialfluss bestimmt. Die Kerndichte beeinflusst das lokale Verdichtungspotenzial nur bei keiner bzw. bei sehr niedriger Vorverdichtung. Das bedeutet, dass eine Übertragbarkeit der beobachteten Effekte auf andere Kerndichten als ρ_K = 7,2 g/cm^3 zu erwarten ist.

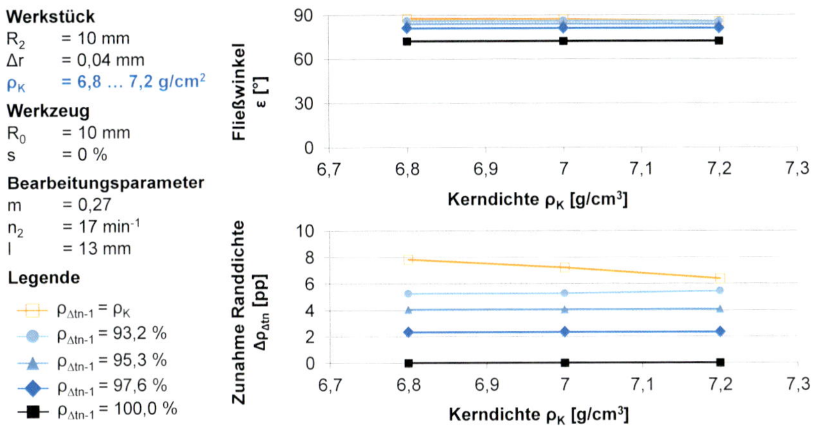

Bild 5.15: Einfluss der Kerndichte auf den Materialfluss

Influence of core density on material flow

Beim Vorbearbeitungszustand haben also vor allem der bisherige Walzprozess und weniger die Verdichtung durch das Pressen und Sintern einen Einfluss auf den Materialfluss. Dementsprechend sind die Kontaktbedingungen und die Zustellungskurve für das Ergebnis des Dichtwalzprozesses wesentlich.

5.5 Wechselwirkungen der Prozessgrößen

Interdependencies of Process Parameters

Die bisher in Kapitel 5 vorgestellten Ergebnisse zeigen die Einzeleinflüsse der untersuchten Parameter. Die Daten wurden weiterhin auf Wechselwirkungen untersucht. Eine Wechselwirkung von Parameter A und Parameter B zeigt sich beispielsweise durch eine geänderte Steigung des *Fließwinkels* ε über Parameter A bei unterschiedlichen Werten von Parameter B. Die beobachteten Wechselwirkungen werden im Folgenden vorgestellt.

In **Bild 5.16** ist die Wechselwirkung von Werkstückkrümmung und Aufmaß dargestellt. Das Werkstück hatte keine Vorverdichtung und eine Kerndichte von $\rho_K = 7{,}2\ g/cm^3$. Das Werkzeug hatte einen Kontaktradius von $R_0 = 1{,}5$ mm und walzte das Werkstück unter einem Schlupf von $s = 0\ \%$ mit einem Reibfaktor von $m = 0{,}27$.

Für Aufmaße von $\Delta r = 0{,}02$ mm und $\Delta r = 0{,}04$ mm sind der *Fließwinkel* ε und die *Zunahme der Randdichte* $\Delta\rho_{\Delta tn}$ über der Werkstückkrümmung dargestellt. Wie auch in Bild 5.6 sinkt der *Fließwinkel* ε und steigt *Zunahme der Randdichte* $\Delta\rho_{\Delta tn}$ über der Werkstückkrümmung. Außerdem nimmt die Steigung der Kurve des *Fließwinkels* ε über der Werkstückkrümmung mit zunehmendem Aufmaß zu. Die *Zunahme der Randdichte* $\Delta\rho_{\Delta tn}$ hingegen zeigt keine unterschiedliche Steigung der Kurven.

Es kann eine Wechselwirkung von Werkstückkrümmung und Aufmaß bezüglich des *Fließwinkels ε* festgestellt werden, da sich nicht nur ein Versatz der Kurve aufgrund des unterschiedlichen Aufmaßes, sondern auch eine unterschiedliche Kurvensteigung ergibt. Je größer das lokale Aufmaß, desto stärker wirkt sich die unterschiedliche Geometrie des Walzspalts aus, siehe auch Bild 5.9. Bezüglich der *Zunahme der Randdichte* $\Delta\rho_{\Delta tn}$ ist keine Wechselwirkung von Werkstückkrümmung und Aufmaß festzustellen, da die Kurven aufgrund der unterschiedlichen Parameter nur versetzt verlaufen.

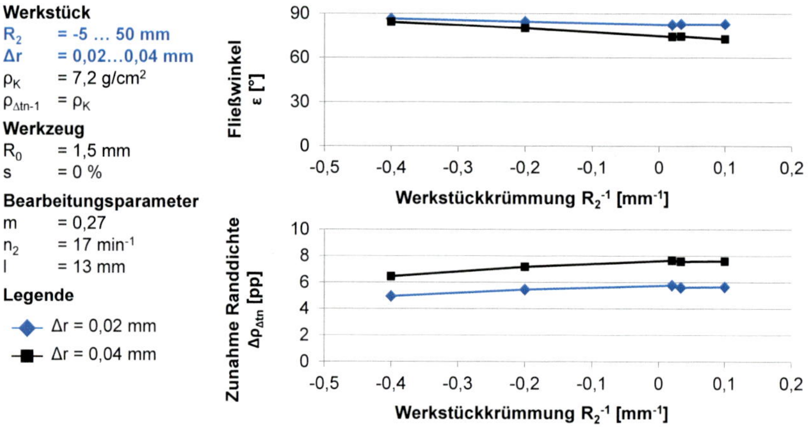

Bild 5.16: Wechselwirkung von Werkstückkrümmung und Aufmaß
Interdependency of workpiece curvature and stock

Für **Bild 5.17** wurden Werkzeugkontaktradius und Reibfaktor variiert. Das Werkstück hatte eine Randdichte von $\rho_{\Delta tn-1}$ = 97,6 %, eine Kerndichte von ρ_K = 7,2 g/cm^3, ein Aufmaß von Δr = 0,04 mm und einen Kontaktradius von R_2 = 10 mm. Es lag kein Schlupf vor (s = 0 %).

Über variierende Werkzeugkontaktradien von R_0 = 1,5 mm bis R_0 = 18,5 mm sind der *Fließwinkel ε* und die *Zunahme der Randdichte* $\Delta\rho_{\Delta tn}$ für die Reibfaktoren m = 0,06 und m = 0,48 dargestellt. Ähnlich wie in Bild 5.7 steigt der *Fließwinkel ε* mit steigendem Werkzeugradius degressiv an. Die Kurvensteigung hängt jedoch deutlich von dem Reibfaktor ab. Der hohe Reibfaktor von m = 0,48 führt zu einer geringeren Steigung, allerdings zu größeren Werten des *Fließwinkels ε* gegenüber den Werten für den Reibfaktor von m = 0,06. Die *Zunahme der Randdichte* $\Delta\rho_{\Delta tn}$ ist nahezu gleich für die unterschiedlichen Werkzeugkontaktradien. Wie auch in Bild 5.13 hat der Reibfaktor weder im Einzeleinfluss noch in der Wechselwirkung signifikante Auswirkungen auf die *Zunahme der Randdichte* $\Delta\rho_{\Delta tn}$.

Die Daten zeigen eine Wechselwirkung zwischen Werkzeugkontaktradius und Reibfaktor bezüglich des *Fließwinkels ε*, jedoch nicht bezüglich der Randdichte, die besonders bei geringen Werkzeugkontaktradien ausgeprägt ist. Durch das geringe

Verdichtungspotenzial des vorverdichteten Werkstücks liegt insbesondere bei geringen Radien des Werkzeugs tangentialer Materialfluss vor. Dieser wird reduziert, wenn hohe Reibfaktoren vorliegen. Diese Beobachtung widerspricht den in Bild 5.13 gezeigten Ergebnissen. Es ist anzunehmen, dass dieser Widerspruch an einer weiteren Wechselwirkung zwischen Schlupf und Reibfaktor liegt.

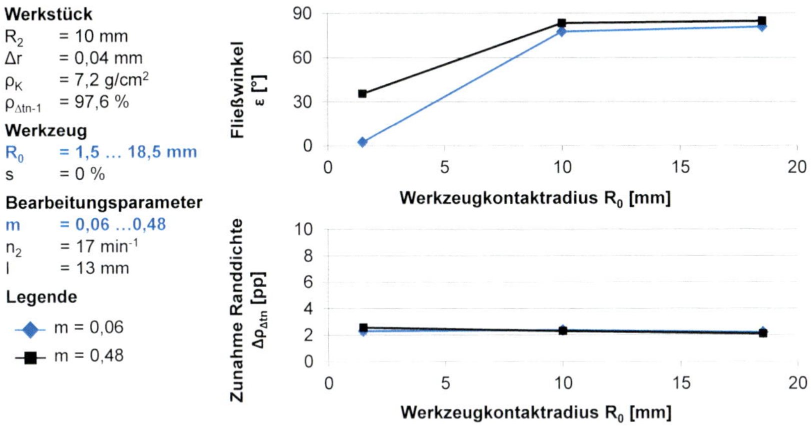

Bild 5.17: Wechselwirkung von Werkzeugkontaktradius und Reibfaktor
Interdependency of tool contact radius and friction factor

Eine mögliche Wechselwirkung von Schlupf und Reibfaktor wird anhand der Daten in **Bild 5.18** analysiert. Dazu wurde der Reibfaktor bei Schlupf von s = -40 % und s = 80 % zwischen m = 0,06 und m = 0,48 variiert. Das Werkstück war nicht vorverdichtet und hatte eine Dichte von ρ_K = 7,2 g/cm^3 sowie ein Aufmaß von Δr = 0,04 mm und einen Kontaktradius von R_2 = 10 mm. Das Werkzeug hatte einen Kontaktradius von R_0 = 1,5 mm. Der *Fließwinkel* ε steigt bei negativem und sinkt bei positivem Schlupf mit steigendem Reibfaktor linear. Die *Zunahme der Randdichte* $\Delta\rho_{\Delta tn}$ ist unverändert für die verschiedenen Reibfaktoren und Schlupfzustände.

Die unterschiedlichen Steigungen des *Fließwinkels* ε über dem Reibfaktor für verschiedene Schlupfzustände erklärt die widersprüchlichen Ergebnisse von Bild 5.17 und Bild 5.13. Begründen lässt sich diese Wechselwirkung von Reibfaktor und Schlupf durch die Auswirkung der Werkzeugkinematik auf den Walzspalt. Bei negativem Schlupf zieht das Werkzeug das Material in den Walzspalt hinein. Die resultierende Erhöhung des *Fließwinkels* ε wird weiter verstärkt, wenn der Reibfaktor erhöht wird. Umgekehrt unterstützt ein positiver Schlupf den tangentialen Materialfluss aus dem Walzspalt heraus. Auch hier wird der Effekt durch einen höheren Reibfaktor verstärkt.

Bild 5.19 zeigt die Wechselwirkung von Schlupf und Werkzeugkontaktradius. Das vorverdichtete Werkstück hatte eine Randdichte von $\rho_{\Delta tn-1}$ = 97,6 % bei einer Kerndichte von ρ_K = 7,2 g/cm^3, einem Aufmaß von Δr = 0,04 mm und einem Kontaktradius von R_2 = 10 mm. Bei einem konstanten Reibfaktor von m = 0,27 variierte der Werkzeugkontaktradius von R_0 = 1,5 mm bis R_0 = 18,5 mm bei Schlupf von s = -40 % und s = 80 %.

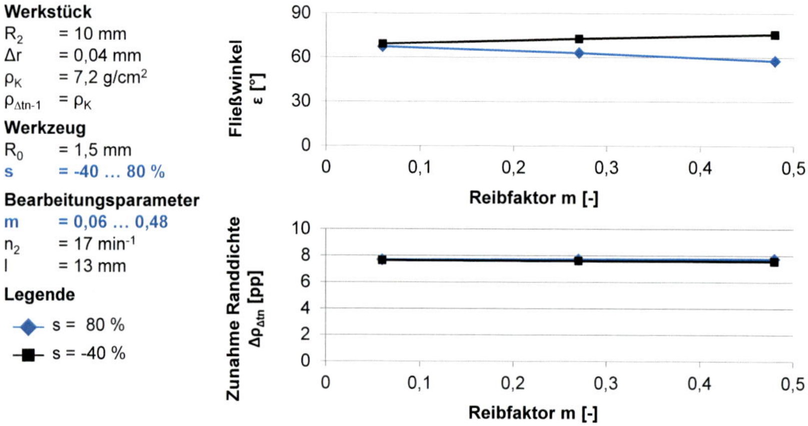

Bild 5.18: Wechselwirkung von Reibfaktor und Schlupf
Interdependency of friction factor and slip

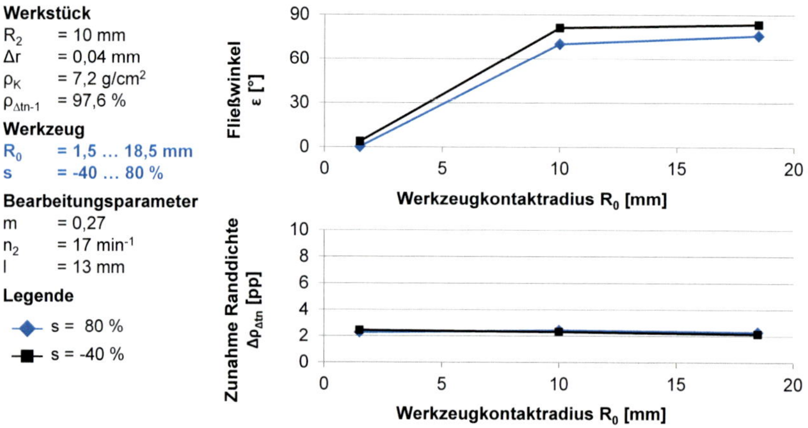

Bild 5.19: Wechselwirkung von Werkzeugkontaktradius und Schlupf
Interdependency of tool contact radius and slip

Die Ergebnisse bestätigen den degressiven Anstieg des *Fließwinkels* ε mit steigendem Werkzeugkontaktradius und den Anstieg des *Fließwinkels* ε für sinkendem Schlupf. Allerdings wurden die Kurvenverläufe beeinflusst durch die Wechselwirkung der beiden Parameter. Die *Zunahme der Randdichte* $\Delta\rho_{\Delta tn}$ zeigt einen ähnlichen Einfluss des Werkzeugkontaktradius wie in Bild 5.7. Hierbei ist keine Wechselwirkung von Schlupf und Werkzeugkontaktradius festzustellen. Die Wechselwirkung von Werkzeugkontaktradius und Schlupf bezuglich des *Fließwinkels* ε ist mit den unterschiedlichen Kontaktlängen und der Beeinflussung des Schlupfs auf dem Materialfluss im Walzspalt zu erklären.

Als weitere Wechselwirkungen ist die Einflussnahme der Vorverdichtung auf die in Kapitel 5.2 bis 5.4 untersuchten Einzeleinflüsse zu nennen. Weiterhin liegen für verschiedene Parameterkombinationen Wechselwirkungen zwischen den Prozessgrößen beim *Fließwinkel* ε vor, die hier dargestellt wurden. Die *Zunahme der Randdichte* $\Delta\rho_{\Delta tn}$ zeigt keine weiteren signifikanten Wechselwirkungen der Prozessgrößen.

5.6 Zusammenfassung der empirischen Untersuchung

Summary of Empirical Investigation

In diesem Kapitel erfolgte eine Analyse der Einflussparameter auf den tangentialen und normalen Materialfluss. Zur Beschreibung des normalen Materialflusses wurde die Zunahme der vor dem Werkzeugkontakt *vorliegenden Randdichte* $\Delta\rho_{\Delta tn}$ verwendet. Der tangentiale Materialfluss wurde über den *Fließwinkel* ε beschrieben, der zwischen der Tangente an der Oberfläche und der Deformation des Bauteils auftritt, vgl. Kapitel 4.5.1. Zur Analyse der Abhängigkeiten von Parametern und Materialfluss wurden zunächst die Einflussparameter einzeln variiert und anschließend ihre Wechselwirkungen (WW) analysiert. Zur besseren Übersicht sind die Ergebnisse grafisch in **Bild 5.20** zusammengefasst.

Wesentliche Ausgangsgröße für jede Verdichtung ist das vorhandene Aufmaß. Es wirkt sich aufgrund des begrenzten Verdichtungspotenzials degressiv auf die *Zunahme der Randdichte* $\Delta\rho_{\Delta tn}$ aus. Der *Fließwinkel* ε sinkt mit steigendem Aufmaß degressiv, da das zusätzliche Material nur begrenzt verdichtet werden kann und daher aus dem Walzspalt herausgeschoben wird. Durch das Aufmaß lassen sich der tangentiale und der normale Materialfluss dementsprechend nur gleichsinnig verändern.

Die kombinierte Kontaktgeometrie von Werkzeug und Werkstück lässt sich über die Krümmungssumme, also die Summe der Reziprok-Werte der Kontaktradien beschreiben. Die Krümmungssumme ist groß, wenn bei gleichem Vorzeichen ein Radius bzw. beide Radien sehr klein sind oder bei ungleichem Vorzeichen die Radien sehr unterschiedlich sind. Eine steigende Krümmungssumme führt zu einer degressiven *Zunahme der Randdichte* $\Delta\rho_{\Delta tn}$ und einer Abnahme des *Fließwinkels* ε. Eine gegensinnige Veränderung von tangentialem und normalem Materialfluss kann daher insbesondere im Bereich kleiner Krümmungssummen erfolgen – also in dem bei konkav-konvexen Kontaktgeometrien bei sehr ähnliche Radien vorliegen und bei konvex-konvexen Kontaktgeometrien der Werkzeugradius möglichst groß ist. Dementsprechend sollten kleine Radien am Übergang von Werkzeugkopf zu Werkzeugflanke vermieden werden, da diese im Übergangsbereich von konkavem Zahnfuß und konvexer Zahnflanke des Werkstücks zu großen Krümmungssummen führen können.

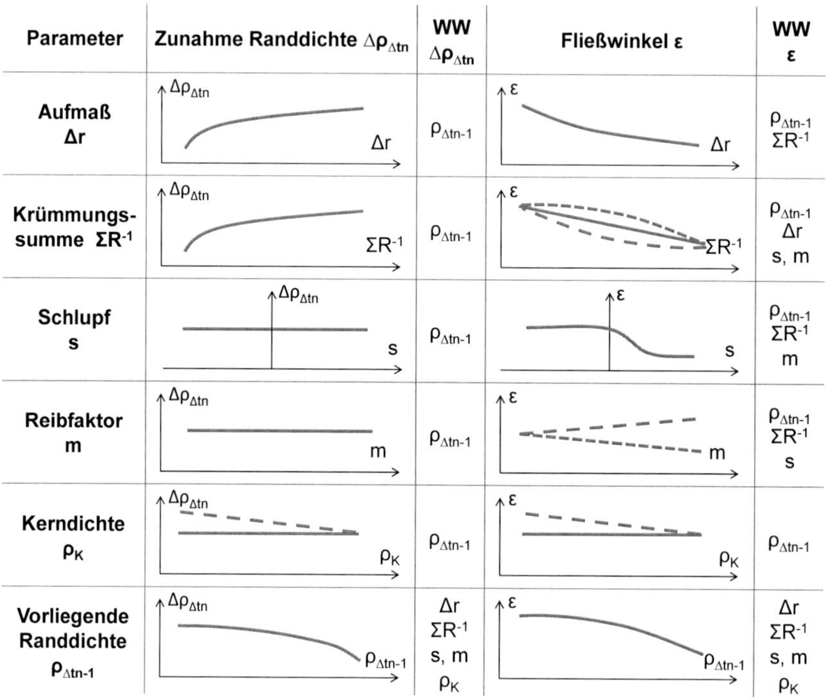

Bild 5.20: Übersicht der Parameter und ihre Wirkung auf den Materialfluss
Overview of parameters and their effect on material flow

Der Schlupf wird durch die Geometrie von Werkzeug und Werkstück bestimmt und beeinflusst, wie das Material im Walzspalt durch das Werkzeug bewegt wird. Allerdings bewirkt diese oberflächliche Bewegung keine Änderung der Verdichtung, sodass die *Zunahme der Randdichte* $\Delta\rho_{\Delta tn}$ vom Schlupf unabhängig ist. Der *Fließwinkel* ε hingegen zeigt zwei unterschiedliche Niveaus in Abhängigkeit vom Schlupf. Der Übergang liegt im Bereich zwischen s = 0 % und s = 40 %.

Der Reibfaktor wird in der Simulation direkt vorgegeben, kann aber beim Dichtwalzen nur indirekt beeinflusst werden. Auf die Verdichtung hat dieser keinen Einfluss, die Randdichte ist konstant über dem Reibfaktor. Der *Fließwinkel* ε wird jedoch linear durch den Reibfaktor beeinflusst. Ob der *Fließwinkel* ε in Abhängigkeit vom Reibfaktor linear steigt oder fällt, hängt vom Schlupf zwischen Werkstück und Werkzeug ab, hier besteht also eine Wechselwirkung.

Die Kerndichte beeinflusst die Kenngrößen des Materialflusses nur, wenn keine Vorverdichtung vorliegt. In diesem Fall sinken beide Kenngrößen linear mit zunehmender Kerndichte, da aufgrund des abnehmenden Verdichtungspotenzials der Materialfluss vermehrt tangential erfolgt.

Die *vorliegende Randdichte* $\rho_{\Delta tn-1}$ bei Beginn des Kontakts von Werkzeug und Werkstück beeinflusst direkt sowohl die *Zunahme der Randdichte* $\Delta\rho_{\Delta tn}$ als auch den *Fließwinkel* ε. Mit steigender Randdichte sinkt aufgrund des reduzierten Verdichtungspotenzials der Randzone auch die *Zunahme der Randdichte* $\Delta\rho_{\Delta tn}$ leicht progressiv. Gleichermaßen steigt der tangentiale Materialfluss, da das Material nicht normal bewegt werden kann. Daher sinkt der *Fließwinkel* ε progressiv mit steigender Randdichte. Die *vorliegende Randdichte* $\rho_{\Delta tn-1}$ beeinflusst weiterhin die meisten anderen Parameter in ihrer Ausprägung, sowohl bezüglich der *Zunahme der Randdichte* $\Delta\rho_{\Delta tn}$ als auch bezüglich des *Fließwinkels* ε.

Neben den Wechselwirkungen der *vorliegenden Randdichte* $\rho_{\Delta tn-1}$ mit den übrigen Einflussparametern liegen bezüglich der *Zunahme der Randdichte* $\Delta\rho_{\Delta tn}$ keine weiteren Wechselwirkungen vor. Bezüglich des *Fließwinkels* ε zeigen sich darüber hinaus verschiedene Wechselwirkungen der Prozessgrößen, die in Bild 5.20 dargestellt sind.

5.7 Fazit

Conclusion

In Kapitel 5 wurde die Abhängigkeit der Kenngrößen des Materialflusses in normaler Richtung (*Zunahme der Randdichte* $\Delta\rho_{\Delta tn}$) und in tangentialer Richtung (*Fließwinkel* ε) von den geometrisch-kinematischen Kontaktbedingungen untersucht. Diese empirische Datenbasis ist die Grundlage für die Beantwortung der zweiten Forschungsfrage, welchen Einfluss die geometrisch-kinematischen Kontaktbedingungen auf den Materialfluss beim Dichtwalzen im zylindrischen Kontakt haben. Darauf aufbauend werden im Folgenden die Vorhersagemodelle zur Beschreibung des Materialflusses vorgestellt und damit die zweite Forschungsfrage beantwortet.

6 Entwicklung der Vorhersagemodelle

Development of Prediction Models

In Kapitel 5 wurde der Einfluss verschiedener Parameter auf den tangentialen und normalen Materialfluss beim Dichtwalzen beobachtet. Als quantifizierbare Kenngrößen wurden für den Materialfluss der *Fließwinkel* ε und die *Zunahme der Randdichte* $\Delta\rho_{\Delta tn}$ herangezogen. Diese Kenngrößen werden nun über Vorhersagemodelle mit einem analytisch-empirischen Modellansatz beschrieben. Damit wird die zweite Forschungsfrage, welchen Einfluss die geometrisch-kinematischen Kontaktbedingungen auf den Materialfluss beim Dichtwalzen im zylindrischen Kontakt haben, beantwortet. Dazu werden zunächst die Rahmenbedingungen und Bewertungskriterien der Modellerstellung definiert. Anschließend erfolgt die Modellierung der Kenngrößen in je einem Vorhersagemodell.

6.1 Vorgehensweise

Approach

Im Folgenden wird die Vorgehensweise beschrieben, mit der eine formelmäßige Beschreibung der Kenngrößen des Materialflusses im Rahmen eines analytisch-empirischen Vorhersagemodells erfolgt. Weiterhin wird der Ansatz zur mathematischen Adaption des Modells an die Beobachtungen beschrieben und die Kriterien zur Bewertung der Modellgüte vorgestellt.

Die in Kapitel 5 ermittelten Einflüsse der Prozessgrößen auf den Materialfluss werden in der formelmäßigen Beschreibung durch adäquate Teilfunktionen berücksichtigt. Das Vorgehen zur Bestimmung einer solchen Teilfunktion des Modells zeigt **Bild 6.1**.

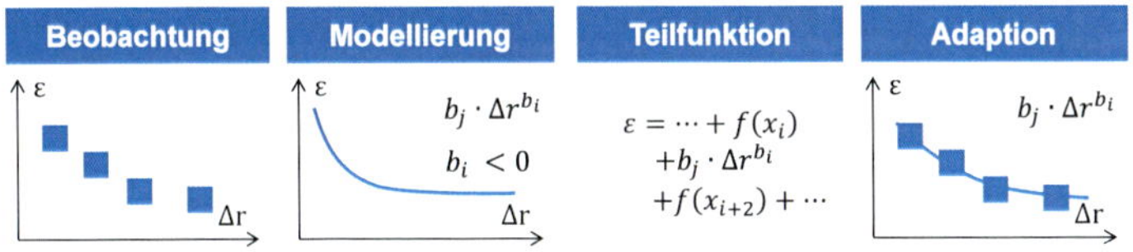

Bild 6.1: Vorgehensweise zur Bestimmung einer Teilfunktion des Modells
Approach for determination of a partial function of the model

Beispielsweise wird für den *Fließwinkel* ε mit steigendem Aufmaß eine degressive Reduktion beobachtet. Dieses Verhalten entspricht für positive Werte des Aufmaßes einer gespiegelten Wurzel-Funktion oder einer Potenzfunktion mit negativem Vorzeichen der Potenz. Als Modellansatz für diesen Parameter wird daher eine Potenzfunktion gewählt. Die Koeffizienten (die Potenz sowie der vorangestellte Faktor) sind nicht bekannt. Der Modellansatz für die Beobachtungen wird als Teilfunktion in die mathematische Beschreibung des Vorhersagemodells übernommen. Die mathematische Beschreibung wird auf die Beobachtungen adaptiert. Dies erfolgt über eine multiple Regressionsanalyse. Dabei werden die Koeffizienten des Modells variiert, um die Abweichungen von Modell- und Messwerten zu minimieren. Hier wird dazu die Methode der kleinsten Quadrate verwendet, bei der die vertikalen Abstände von Modell- und Messwert quadriert werden und deren Summe minimiert wird, vgl. Gleichung (6-1).

$$\min\left(\sum_{i=1}^{n}(y_i - \hat{y}_i)^2\right) \tag{6-1}$$

n	[-]	Anzahl Messwerte	$\hat{y}_i$	[verschiedene]	Modellwert
y_i	[verschiedene]	Messwert			

Die Modellfunktionen berücksichtigen Parameter unterschiedlicher Einheiten. Um dieses Problem zu umgehen, werden die Kenngrößen durch ihre Einheit geteilt und damit normiert. Beispielhaft ist dies in Gleichung (6-2) für das Aufmaß dargestellt.

$$\Delta r' = \frac{\Delta r}{1mm} \tag{6-2}$$

Δr	[mm]	Aufmaß	Δr‘	[-]	Normiertes Aufmaß

Dieses Vorgehen wurde für die Parameter in **Tabelle 2** vorgenommen. Der Reibfaktor ist per Definition ohne Einheit.

Tabelle 2: Normierte Größen

Δr	[mm]	Aufmaß	s	[%]	Schlupf
R_0	[mm]	Werkzeugkontaktradius	R_2	[mm]	Werkstückkontaktradius
$\rho_{\Delta tn-1}$	[%]	Vorliegende Randdichte	ε	[°]	Fließwinkel
$\Delta\rho_{\Delta tn}$	[pp]	Zunahme der Randdichte			

Die Güte der durch die Regressionsanalyse gewonnenen mathematischen Modellfunktion wird über verschiedene Kennwerte überprüft. Das Bestimmtheitsmaß R^2 gibt an, wie gut das Modell die Messwerte wiedergibt, vgl. Gleichung (6-3) [KOHN05]. Das Bestimmtheitsmaß liegt zwischen null und eins.

$$R^2 = 1 - \frac{\sum_{i=1}^{n}(y_i - \hat{y}_i)^2}{\sum_{i=1}^{n}(y_i - \bar{y})^2} \tag{6-3}$$

R^2	[-]	Bestimmtheitsmaß	$\hat{y}_i$	[verschiedene]	Modellwert
$\bar{y}$	[verschiedene]	Mittelwert aller Messwerte	y_i	[verschiedene]	Messwert

Ein hohes Bestimmtheitsmaß zeigt eine gute Berechnung der Messwerte durch das Modell. Allerdings kann ein hohes Bestimmtheitsmaß durch die Berücksichtigung übermäßig vieler Koeffizienten bei der Regressionsanalyse erreicht werden.

Eine Überprüfung der Signifikanz der Koeffizienten wird durch das korrigierte Bestimmtheitsmaß $\bar{R}^2$ möglich [KOHN05]. Dabei wird in der Berechnung neben dem Bestimmtheitsmaß eine Teilfunktion berücksichtigt, die das korrigierte Bestimmtheitsmaß verringert, wenn die Anzahl an Koeffizienten im Vergleich zu der Anzahl an Datenpunkten groß ist. Die Teilfunktion führt zu einem progressiven Abfall des korrigierten Bestimmtheitsmaßes je geringer die Differenz von Anzahl an Koeffizienten und Anzahl an Messwerten ist. Gleichung (6-4) zeigt: Je geringer die Differenz von Bestimmtheitsmaß und korrigiertem Bestimmtheitsmaß ist, desto angemessener ist die Anzahl an Koeffizienten.

$$\overline{R}^2 = 1 - (1 - R^2) \cdot \frac{n-1}{n-p-1} \tag{6-4}$$

$\overline{R}^2$	[-]	Korrigiertes Bestimmtheitsmaß	n	[-]	Anzahl Messwerte
R^2	[-]	Bestimmtheitsmaß	p	[-]	Anzahl Koeffizienten

Das Vorhersagemaß des Modells hängt nicht nur von einer guten Auslegung des Modells ab, sondern auch von der Wichtigkeit einzelner Datenpunkte für die Modellgüte. Gleichung (6-5) zeigt die Berechnung des Vorhersagemaßes: Es werden die Differenzen von Modellwert und Messwert gebildet, wobei die aktuelle Modellerstellung ohne den aktuellen Messwert erfolgte. Das Vorhersagemaß Q^2 ist gering, wenn sich das Modell durch Weglassen einzelner Datenpunkte stark verändert. Ändert sich das Modell durch Weglassen einzelner Datenpunkte nicht, so sind das Vorhersagemaß und das Bestimmtheitsmaß identisch.

$$Q^2 = 1 - \frac{\sum_{i=1}^{n} (y_i - \tilde{y}_i)^2}{\sum_{i=1}^{n} (y_i - \overline{y})^2} \tag{6-5}$$

Q^2	[-]	Vorhersagemaß	y_i	[verschiedene]	Messwert
$\overline{y}$	[verschiedene]	Mittelwert aller Messwerte	$\tilde{y}_i$	[verschiedene]	Modellwert ohne Messwert i zur Modellerstellung

Mithilfe der hier vorgestellten Vorgehensweise werden im Folgenden die Modellfunktionen bestimmt und die Modellgüte anhand der genannten Kriterien bewertet. Die hier als Messwerte bezeichneten Werte entsprechen den in der Simulation ermittelten Werten. Die als Modellwerte bezeichneten Werte entsprechen den anhand des Vorhersagemodells ermittelten Werten.

6.2 Modell zur Beschreibung des normalen Materialflusses

Model to Describe the Normal Material Flow

Die Analyse der Einflussparameter auf den tangentialen und normalen Materialfluss ist in Kapitel 5.7 zusammengefasst. Bezüglich des normalen Materialflusses, der durch die *Zunahme der Randdichte* $\Delta\rho_{\Delta tn}$ beschrieben wird, sind die signifikanten Prozessgrößen die *vorliegende Randdichte* $\rho_{\Delta tn-1}$, das Aufmaß und die Krümmungssumme.

Die *Zunahme der Randdichte* $\Delta\rho_{\Delta tn}$ sinkt progressiv mit steigender *vorliegender Randdichte* $\rho_{\Delta tn-1}$. Die Zunahme ist begrenzt: Ist die Randzone bereits vollständig verdichtet, kann keine weitere Zunahme erfolgen. Daher ist es hier sinnvoll, die *vorliegende relative Randdichte* $\rho_{\Delta tn-1}$ von eins abzuziehen: Dadurch ist bei voller Dichte die Teilfunktion null. Dieser lineare Anteil wird durch eine Potenzierung mit b_i ergänzt.

Die Ausprägung der Funktion hängt wesentlich von der Potenz ab: Bei positiven Werten von b_i sinkt die Kurve, während sie bei negativen steigt. Ist die Potenz b_i größer als eins, ist der Kurvenverlauf degressiv, anderenfalls progressiv. Der progressive Abfall der Kurve wird daher durch eine positive Potenz erreicht, deren Betrag kleiner als eins ist. Der Wert für b_i kann daher zwischen null und eins liegen. Dabei gilt, dass die Steigung stärker wird, je kleiner der Wert von b_i ist, vgl. **Bild 6.2**.

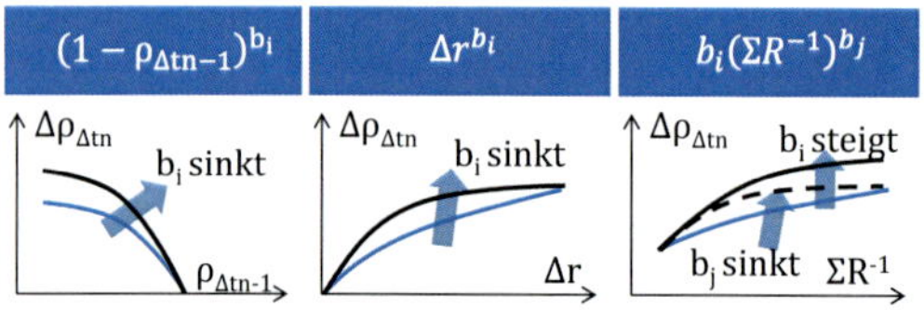

b_i, b_j	Koeffizienten
$\Delta\rho_{\Delta tn}$	Zunahme der Randdichte
$\rho_{\Delta tn-1}$	Vorliegende Randdichte
Δr	Aufmaß
ΣR^{-1}	Krümmungssumme

Bild 6.2: Modellierung der Einflüsse der Parameter auf die Zunahme der Randdichte $\Delta\rho_{\Delta tn}$

Modeling of effects of parameters on the increase of surface density $\Delta\rho_{\Delta tn}$

Die *Zunahme der Randdichte $\Delta\rho_{\Delta tn}$* steigt degressiv mit steigendem Aufmaß. Liegt kein Aufmaß vor, so kann keine *Zunahme der Randdichte $\Delta\rho_{\Delta tn}$* erfolgen, da kein Material zur Verdichtung vorliegt. Dieser Verlauf kann durch eine einfache Wurzelfunktion beschrieben werden, also durch eine Potenzfunktion, bei der der Wert der Potenz zwischen null und eins liegt. Dabei gilt, je kleiner der Wert der Potenz b_i, desto höher ist die Steigung der Kurve bei kleinen Aufmaßen.

Bei der Berücksichtigung der Krümmungssumme liegt eine degressive Erhöhung der *Zunahme der Randdichte $\Delta\rho_{\Delta tn}$* bei zunehmenden Krümmungssummen vor. Auch hier wird eine Potenzfunktion herangezogen mit einer Potenz b_j zwischen null und eins. Jedoch wird zusätzlich ein Faktor b_i vorgesehen. Die Auswirkung dieser Kombination zeigt Bild 6.2 rechts: Wie zuvor bewirkt die Änderung des Potenzwerts eine Änderung der Kurvensteigung. Der Faktor wiederum streckt den gesamten Kurvenverlauf. Durch die Berücksichtigung von zwei statt eines Koeffizienten wird die Adaption der Teilfunktion verbessert.

Die *Zunahme der Randdichte $\Delta\rho_{\Delta tn}$* ergibt mit der vorliegenden relativen Randdichte $\rho_{\Delta tn-1}$, die resultierende relative Randdichte nach dem Werkzeugkontakt, vgl. Gleichung (6-6). Die resultierende Randdichte liegt dabei zwischen der relativen Kerndichte ρ_{Krel} und 100 %, vgl. Gleichung (6-7).

$$\rho_{\Delta tn} = \rho_{\Delta tn-1} + \Delta\rho_{\Delta tn} \tag{6-6}$$

$$\rho_{Krel} < \rho_{\Delta tn} < 100\,\% \tag{6-7}$$

Die Teilfunktionen, die die Auswirkung der Parameter auf die *Zunahme der Randdichte $\Delta\rho_{\Delta tn}$* beschreiben, sind in Gleichung (6-8) zu der Modellfunktion zusammengefasst. Durch die Auslegung der Funktion ist sichergestellt, dass der Funktionswert zu null wird, sofern die Randzone vollständig verdichtet ist oder kein Aufmaß vorliegt.

$$\Delta\rho'_{\Delta tn} = \left(1-\rho'_{\Delta tn-1}\right)^{b_1} \cdot \Delta r'^{b_2} \cdot \left(b_3 \cdot \left(\Sigma R'^{-1}\right)^{b_4}\right) \tag{6-8}$$

Tabelle 3: Koeffizienten des Vorhersagemodells für die *Zunahme der Randdichte* $\Delta\rho_{\Delta tn}$

b_1	0,864	b_3	1,8684
b_2	0,307	b_4	0,175

In der zugehöhrigen **Tabelle 3** sind die in der Regressionsanalyse ermittelten Koeffizienten abgebildet. **Bild 6.3** zeigt den Vergleich der Modellwerte mit den Werten aus der Simulation. Bei vollständiger Übereinstimmung von Modellwerten und Werten aus der Simulation würden alle Werte auf der Diagonalen liegen. Dies entspräche dem Bestimmtheitsmaß von $R^2 = 1$. Das Modell ist eine sehr gute Abbildung der Werte aus der Simulation mit einem Bestimmtheitsmaß von $R^2 = 0{,}982$. Auch das korrigierte Bestimmtheitsmaß und das Vorhersagemaß sind sehr gut und weichen nur in der vierten Nachkommastelle von dem Bestimmtheitsmaß ab. Dementsprechend sind nicht zu viele Koeffizienten verwendet worden, um eine gute Modellgüte zu erreichen und die Modellberechnung ist sehr stabil.

Datenbasis
Zylinderwalzen im konvex-konkav und konvex-konvexen Kontakt
699 Simulationspunkte mit Variation der Parameter R_2, R_0, Δr, ρ_K, $\rho_{\Delta tn-1}$, s, m
Regressionsfunktion
Kleinste Quadrate
Bestimmtheitsmaß
$R^2 = 0{,}982$
Korrigiert. Bestimmtheitsmaß
$\bar{R}^2 = 0{,}982$
Vorhersagemaß
$Q^2 = 0{,}982$

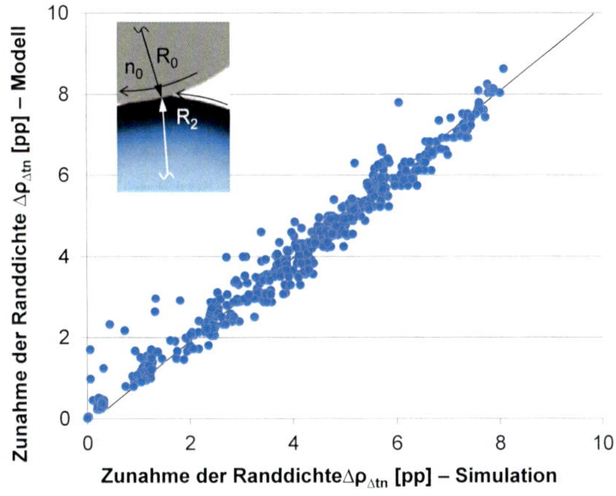

Bild 6.3: Vergleich von Modell und Simulation: Zunahme der Randdichte
Comparison of model and simulation: Increase of surf. density

Da hier keine Polynomfunktion mit addierten Teilfunktionen verwendet wurde, wurde die Signifikanz der einzelnen Parameter nicht über eine Normierung bestimmt, sonder erfolgte in **Bild 6.4** über eine Bestimmung des quantitativen Einflusses, indem die maximalen und minimalen Werte bei Variation des Parameters ermittelt wurden. Die *vorliegende Randdichte* $\rho_{\Delta tn-1}$ kann Werte zwischen $\Delta\rho_{\Delta tn-1} = 91{,}7\ \%$ und $\Delta\rho_{\Delta tn-1} = 100\ \%$ annehmen. Der maximale Effekt wurde mit diesen Werten bei gleichzeitig großer Krümmungssumme und großen Aufmaßen erreicht. Die Krümmungssumme war für die hier relevanten Werte minimal ΣR^{-1} = 0,07 mm^{-1}. Als Maximalwert wurde ΣR^{-1} = 1,1 mm^{-1} angesetzt. Der maximale Effekt mit den verschiedenen Krümmungssummen wurde ohne Vorverdichtung mit und großen Aufmaßen erreicht. Das Aufmaß war minimal mit Δr = 0,002 mm und maximal mit Δr = 0,06 mm vorgegeben. Den maximalen Effekt hatte das variierende Aufmaß ohne Vorverdichtung des Werkstücks und bei großer Krümmungssumme. Reibfaktor und Schlupf wurden aufgrund des geringen Einflusses auf die Zunahme der Randdichte im Modell nicht berücksichtigt.

Der in Bild 6.4 dargestellte prozentuale Einfluss auf die *Zunahme der Randdichte* $\Delta\rho_{\Delta tn}$ zeigt, welche Differenzen durch Variation des einen Parameters im Vergleich zur Gesamtsumme der Differenzen erreicht werden können. Diese Berechnung zeigt, dass die Randdichte den höchsten Einfluss, das Aufmaß den zweit höchsten und die Krümmungssumme unter diesen Prozessgrößen den geringsten Einfluss auf die *Zunahme der Randdichte* $\Delta\rho_{\Delta tn}$ hat.

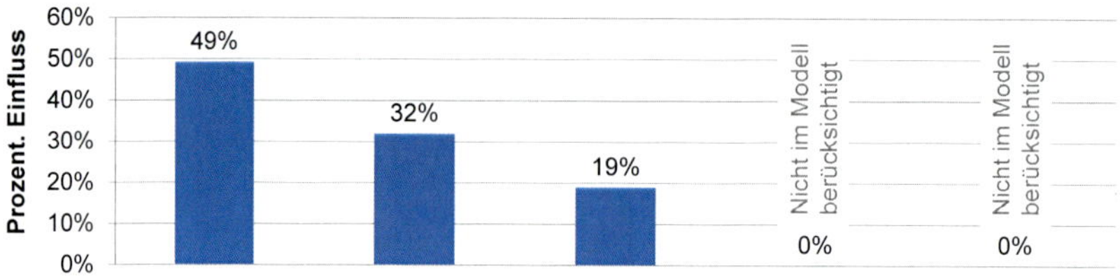

Prozessgröße	$\rho_{\Delta tn-1}$ [%]	Δr [mm]	ΣR^{-1} [mm^{-1}]	m [-]	s [%]
	Randdichte	Aufmaß	Krümmungssumme	Reibfaktor	Schlupf
Min. Wert	91,7	0,002	0,07	0,06	-40
Max. Wert	100,0	0,060	1,10	0,48	80
Min. Effekt	0,093	0,033	0,000	0,000	0,000
Max. Effekt	0,000	0,093	0,093	0,000	0,000

Bild 6.4: Prozentualer Einfluss der variierten Parameter auf die Zunahme der Randdichte $\Delta\rho_{\Delta tn}$ im untersuchten Wertebereich

Percental impact of varied parameters on increase of surface density in the investigated range of values

Im Folgenden wurden der Verlauf über den Modellparametern und die Modellgüte anhand von Vergleichen der in Kapitel 5 gezeigten Simulationsergebnisse überprüft. Dazu wurde in **Bild 6.5** die *vorliegende Randdichte* $\rho_{\Delta tn-1}$ sowie der Reibfaktor variiert und die Auswirkung auf die *Zunahme der Randdichte* $\Delta\rho_{\Delta tn}$ mit Modell- und Simulationswerten dargestellt. Dabei wurden die in Bild 5.14 untersuchten Parameterkombinationen durch die Modellfunktion in Gleichung (6-8) berechnet. Die Modellwerte sind durch Linien dargestellt, die Simulationswerte durch Punkte. Die Variation des Reibfaktors ist farblich dargestellt. Mit der Variation des Reibfaktors und der Randdichte zeigt Bild 5.14 anhand der Simulationswerte, dass der Reibfaktor bei der *Zunahme der Randdichte* $\Delta\rho_{\Delta tn}$ vernachlässigbar ist. Dieser Parameter ist daher in der Modellfunktion nicht berücksichtigt, sodass sich für die unterschiedlichen Reibfaktoren identische Kurven ergeben. Der Verlauf über der Randdichte ist bei den Werten der Simulation und den Modellwerten der *Zunahme der Randdichte* $\Delta\rho_{\Delta tn}$ progressiv fallend. Die Modellwerte liegen, bis auf den Zustand voller Dichte, leicht unterhalb der Werte der Simulation. Der qualitative Verlauf ist durch das Modell sehr gut abgebildet und auch die Differenzen zwischen den Werten der Simulation und den Modellwerten sind vertretbar gering.

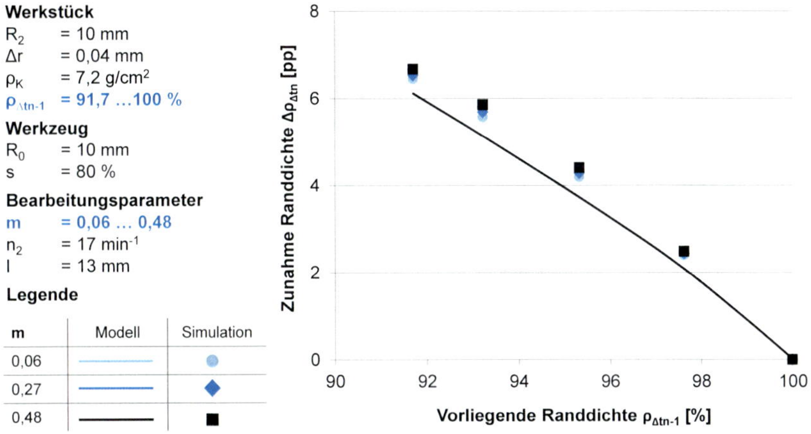

Bild 6.5: Vergleich von Modell und Simulation: Einfluss der Randdichte
Comparison of model and simulation: Influence of surface density

Bild 6.6 zeigt den Vergleich der Modellwerte mit den in Bild 5.3 verwendeten Werten der Simulation für die *Zunahme der Randdichte* $\Delta\rho_{\Delta tn}$. Variiert wurden die *vorliegende Randdichte* $\rho_{\Delta tn-1}$ in drei und das Aufmaß in fünf Stufen. Die degressive Erhöhung der *Zunahme der Randdichte* $\Delta\rho_{\Delta tn}$ über dem Aufmaß wurde durch die entsprechende Wurzelfunktion gut abgebildet. Abweichungen zeigen sich bei der Krümmung der Kurve bei den verschiedenen Dichten. Der Einfluss des Aufmaßes auf die *Zunahme der Randdichte* $\Delta\rho_{\Delta tn}$ wurde mit der Modellfunktion sehr gut wieder gegeben.

Bild 6.7 zeigt, wie sich der Einfluss der Krümmungssumme in der Modellfunktion und in der *Zunahme der Randdichte* $\Delta\rho_{\Delta tn}$ auswirkt. Dazu wurden die in Bild 5.11 dargestellten Werte der Simulation mit drei unterschiedlichen Randdichten und verschiedensten Krümmungssummen der Modellfunktion gegenübergestellt.

Der Verlauf der Modellfunktion über der Krümmungssumme bildet den Verlauf der Werte der Simulation sehr gut nach. Abweichungen zeigen sich bei der mittleren Vorverdichtung bei kleinen Krümmungssummen sowie bei den unterschiedlich zusammengesetzten Krümmungssummen bei $\Sigma R^{-1} = 0{,}6\ mm^{-1}$: Verschiedene Radienkombinationen bei identischen Krümmungssummen führten zu unterschiedlichen *Zunahmen der Randdichte* $\Delta\rho_{\Delta tn}$. Diese Abweichungen wurden in dem Modell nicht berücksichtigt, da Auswirkungen dieser Wechselwirkungen meist gering sind.

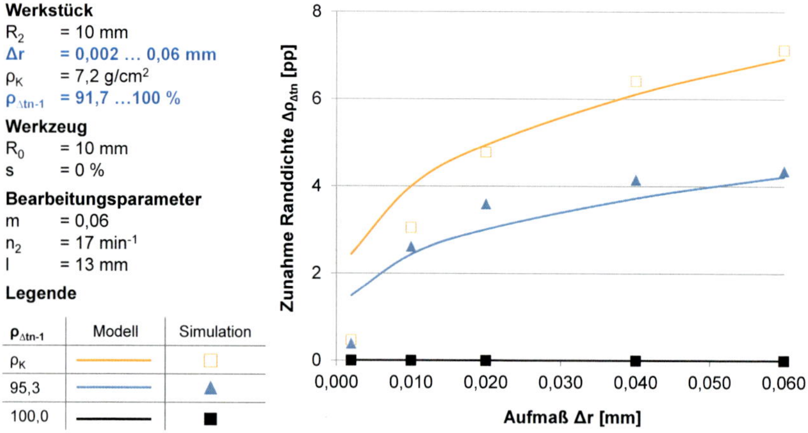

Bild 6.6: Vergleich von Modell und Simulation: Einfluss des Aufmaßes

Comparison of model and simulation: Influence of stock

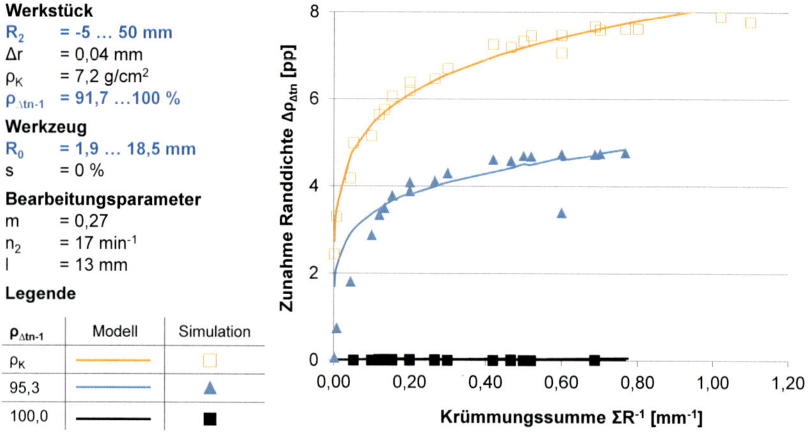

Bild 6.7: Vergleich von Modell und Simulation: Einfluss der Krümmungssumme

Comparison of model and simulation: Influence of sum of curvature

Insgesamt wurde der Zusammenhang zwischen Krümmungssumme und *Zunahme der Randdichte* $\Delta\rho_{\Delta tn}$ mit dem Ansatz sehr gut wieder gegeben, sodass eine mögliche Optimierung des Modells über weitere Koeffizienten nicht sinnvoll ist. Die *Zunahme der Randdichte* $\Delta\rho_{\Delta tn}$ wurde über eine Modellfunktion beschrieben, die die Werte der Simulation sehr gut abbildet. Aufgrund des analytisch-empirischen Ansatzes der Modellfunktion kann das Modell über die untersuchten Grenzen hinaus für qualitative Vergleiche verwendet werden. Dies wäre bei einer Polynomfunktion so nicht möglich, da sich hier der Kurvenverlauf an den Modellgrenzen deutlich ändert.

6.3 Modell zur Beschreibung des tangentialen Materialflusses

Model to Describe Tangential Material Flow

Einen Einfluss auf den tangentialen Materialfluss in Form des *Fließwinkels* ε haben die Kontaktradien, das Aufmaß, die Vorverdichtung und diverse Wechselwirkungen, vgl. Kapitel 5.7. Die Prozessgrößen mit direktem Einfluss und ihre Berücksichtigung in Teilfunktionen des Vorhersagemodells zeigt **Bild 6.8**.

Je höher die *vorliegende Randdichte* $\rho_{\Delta tn-1}$ ist, desto geringer wird der *Fließwinkel* ε, da der normale Materialfluss durch die Vorverdichtung behindert wird und das Material daher verstärkt tangential fließt. Der Einfluss der *vorliegenden Randdichte* $\rho_{\Delta tn-1}$ auf den *Fließwinkel* ε ist vergleichbar mit dem auf die *Zunahme der Randdichte* $\Delta\rho_{\Delta tn}$. Jedoch wird der *Fließwinkel* ε nicht notwendigerweise null, wenn die Randzone vollständig verdichtet ist. Daher wurde hier die Randdichte nicht von eins abgezogen. Darüber hinaus wurde wiederum eine Potenzfunktion vorgesehen. Der Potenzwert muss größer eins sein, um den dargestellten Kurvenverlauf zu ermöglichen. Mit steigendem Aufmaß fällt der *Fließwinkel* ε. Eine hohe Genauigkeit wurde durch eine lineare Beschreibung des Einflusses vom Aufmaß auf den *Fließwinkel* ε erreicht. Durch den Vorfaktor wird die Steigung der Kurve geändert.

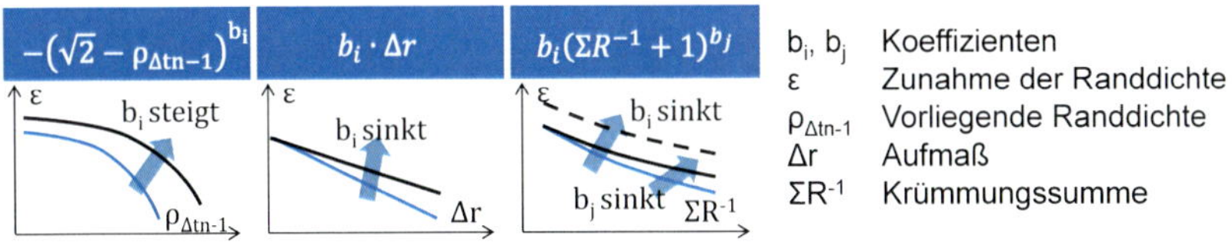

Bild 6.8: Modellierung der Einflüsse der Parameter auf den Fließwinkel ε
Modeling of effect of parameters on flow angle

Mit steigender Krümmungssumme, also bei z. B. sehr geringen, konvexen Kontaktradien, wird der *Fließwinkel* ε kleiner, die Deformation erfolgt lokal an der Oberfläche und dabei wird viel Material tangential verdrängt. In Kapitel 5 konnte aufgrund der Wechselwirkungen der einzelnen Kontaktradien anhand der Auswahl der Werte der Simulation nicht definiert werden, ob der *Fließwinkel* ε linear, progressiv oder degressiv über der Krümmungssumme verläuft. Daher wurde die Krümmungssumme durch eine Potenzfunktion abgebildet. Die Krümmungssumme wurde mit eins addiert, um einen passenderen Krümmungsbereich der Kurve zu ermöglichen. In der

Regressionsanalyse wurde der Zusammenhang anhand des Potenzwertes und des Vorfaktors an die Werte der Simulation angepasst.

Die Teilfunktionen wurden zusammen mit den Wechselwirkungen, die über einfache Multiplikation berücksichtigt wurden, zu der Modellfunktion zusammengefasst, siehe Gleichung (6-9). Durch die Multiplikation mit der Teilfunktion der *vorliegenden Randdichte* $\rho_{\Delta tn\text{-}1}$ wurde deren Wechselwirkung mit den weiteren Prozessgrößen berücksichtigt. Weitere berücksichtigte Wechselwirkungen sind Folgende: Aufmaß und Werkstückkontaktradius, Reibfaktor und Werkzeugkontaktradius, Schlupf und Werkzeugkontaktradius sowie Schlupf und Reibfaktor. Die Modellfunktion ist so ausgelegt, dass auch bei minimalem Aufmaß und bei jeder Vorverdichtung eine Deformation möglich ist. Das entspricht den Beobachtungen in Kapitel 5.

$$\begin{aligned}\varepsilon' = 90 + \left(\sqrt{2} - \rho'_{\Delta tn-1}\right)^{b_1} \cdot (b_2 + b_3 \cdot \Delta r' + b_4 \cdot \left(\Sigma R'^{-1} + 1\right)^{b_5} + \\ b_6 \cdot \Delta r' \cdot R'^{-1}_2 + b_7 \cdot m \cdot R'^{-1}_0 + b_8 \cdot s' \cdot R'^{-1}_0 + b_9 \cdot s' \cdot m)\end{aligned} \qquad (6\text{-}9)$$

Tabelle 4: Koeffizienten des Vorhersagemodells für den *Fließwinkel* ε

b_1	-8,412	b_4	-1,229	b_7	$3{,}2\cdot10^{-2}$
b_2	1,245	b_5	$9{,}9\cdot10^{-2}$	b_8	$-5{,}9\cdot10^{-5}$
b_3	-0,238	b_6	0,411	b_9	$-3{,}8\cdot10^{-4}$

Tabelle 4 zeigt die Koeffizienten des Vorhersagemodells für den *Fließwinkel* ε. Die Koeffizienten der oben diskutierten Teilfunktionen lagen im erwarteten Bereich. **Bild 6.9** zeigt den Vergleich von den in der Simulation ermittelten *Fließwinkeln* ε und den Modellwerten.

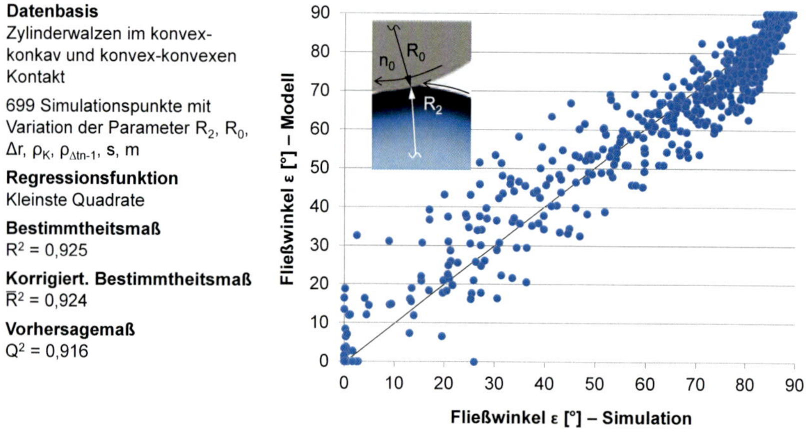

Bild 6.9: Vergleich von Modell und Simulation

Comparison of model and simulation

Je näher die Werte an der Diagonale liegen, desto besser ist die Vorhersage durch das Modell. Das Modell bildet die Daten mit einem Bestimmtheitsmaß von $R^2 = 0{,}925$

gut ab. Weiterhin zeigt das korrigierte Bestimmtheitsmaß mit $\bar{R}^2 = 0{,}924$, dass nicht übermäßig viele Koeffizienten zur Modellanpassung verwendet wurden. Der geringe Unterschied zwischen dem Vorhersagemaß und dem Bestimmtheitsmaß zeigt, dass das Modell nicht stark von einzelnen Werten der Simulation abhängt.

Die Signifikanz der Parameter wurde durch ihre maximalen Effekte bei gleichen Randbedingungen ermittelt, vgl. **Bild 6.10**. Die Krümmungssumme wurde zwischen $\Sigma R^{-1} = 0{,}07\ mm^{-1}$ und $\Sigma R^{-1} = 1{,}1\ mm^{-1}$ variiert. Maximalen Effekt hat die Krümmungssumme bei hoher Vorverdichtung, geringen Aufmaßen, hoher Reibung und negativem Schlupf. Die *vorliegende Randdichte* $\rho_{\Delta tn\text{-}1}$ nimmt Werte zwischen $\Delta\rho_{\Delta tn\text{-}1} = 91{,}7\ \%$ und $\Delta\rho_{\Delta tn\text{-}1} = 100\ \%$ an. Der maximale Effekt wurde mit diesen Werten bei gleichzeitig großer Krümmungssumme, geringen Aufmaßen, hoher Reibung und negativem Schlupf erreicht. Das Aufmaß lag zwischen $\Delta r = 0{,}002$ mm und $\Delta r = 0{,}06$ mm. Der Effekt des Aufmaßes war maximal bei hoher Vorverdichtung, geringen Krümmungssummen. Der Schlupf lag zwischen $s = -40\ \%$ und $s = 80\ \%$. Der Effekt wurde maximal bei hoher Vorverdichtung und kleinen Krümmungsradien. Dies galt auch für den Effekt des Reibfaktors, der minimal $m = 0{,}06$ und maximal $m = 0{,}48$ ist. Den stärksten Einfluss auf den *Fließwinkel* ε hatten die Krümmungssumme, die Randdichte und das Aufmaß. Diese Größen sind auch in dem Vorhersagemodell für die *Zunahme der Randdichte* $\Delta\rho_{\Delta tn}$ vertreten. Einen geringeren, jedoch nicht zu vernachlässigenden Einfluss auf den *Fließwinkel* ε hatten Schlupf und Reibfaktor.

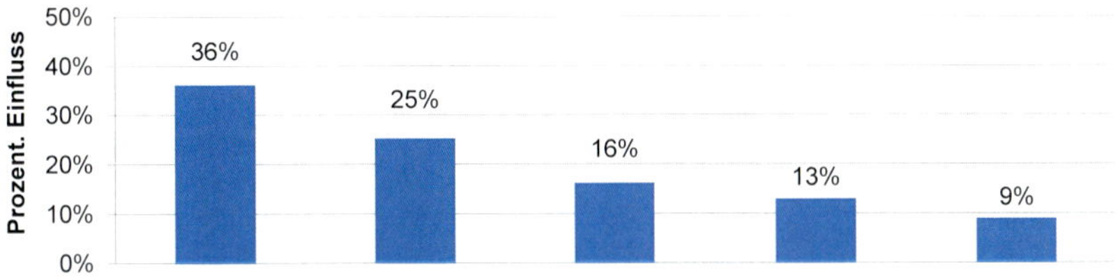

Prozessgröße	ΣR^{-1} [mm^{-1}]	$\rho_{\Delta tn\text{-}1}$ [%]	Δr [mm]	s [%]	m [-]
	Krümmungs-summe	Randdichte	Aufmaß	Schlupf	Reibfaktor
Min. Wert	0,07	91,7	0,002	-40	0,06
Max. Wert	0,80	100,0	0,060	80	0,48
Min. Effekt	10	0	33	75	49
Max. Effekt	90	65	90	90	83

Bild 6.10: Quantitativer Einfluss der variierten Parameter auf den Fließwinkel ε
Quantitative impact of varied parameters on the flow angle ε

Die Modellgüte wird im Folgenden anhand verschiedener Einflussparameter überprüft. **Bild 6.11** zeigt wie sich der *Fließwinkel* ε im Modell und in den Werten der Simulation über der *vorliegenden Randdichte* $\rho_{\Delta tn\text{-}1}$ bei verschiedenen Reibfaktoren ändert. Hier sind die Werte der Simulation aus Bild 5.14 dargestellt. Der Reibfaktor wurde in drei Stufen die *vorliegende Randdichte* $\rho_{\Delta tn-1}$ in fünf Stufen variiert.

Das Modell beschreibt wie die Werte der Simulation einen progressiv abfallenden Verlauf des *Fließwinkels* ε über der Randdichte. Weiterhin liegen für den Kontakt bei positivem Schlupf sowohl bei Modellwerten als auch bei Werten der Simulation für höhere Reibfaktoren geringere *Fließwinkel* ε als bei geringen Reibfaktoren vor. Mit einer geringen Anzahl an anpassbaren Koeffizienten gibt das Modell die Werte der Simulation sehr gut wieder.

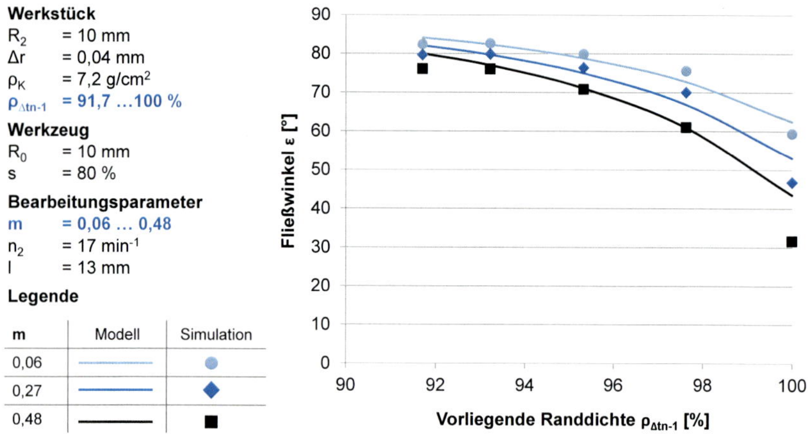

Bild 6.11: Vergleich von Modell und Simulation: Einfluss der Randdichte
Comparison of model and simulation: Influence of surface density

In **Bild 6.12** ist der Einfluss der Krümmungssumme auf den *Fließwinkel* ε für die Modellfunktion und die Werte aus der Simulation dargestellt. Die *vorliegende Randdichte* $\rho_{\Delta tn-1}$ wurde in drei Stufen variiert und die Krümmungssummen wurden aus unterschiedlichen Radienkombinationen zusammengestellt.

Der Verlauf des *Fließwinkels* ε ist insgesamt leicht degressiv fallend für alle Dichtestufen. Die Krümmungssumme ist eine zusammensetzte Größe aus Werkstück- und Werkzeugkontaktradius. Die einzelnen Radien gehen in die Modellfunktion über Wechselwirkungen ein. Dementsprechend kann trotz gestiegener Krümmungssumme ein größerer *Fließwinkel* ε erreicht werden, wenn sich die größere Krümmungssumme durch einen konvex-konvexen Kontakt statt vorher einem konkav-konvexen Kontakt ergibt. Dies zeigt sich beispielsweise bei voller Vorverdichtung und den Krümmungssummen $\Sigma R^{-1} = 0{,}05\ mm^{-1}$ und $\Sigma R^{-1} = 0{,}1\ mm^{-1}$. Die unstetige Steigung des *Fließwinkels* ε über der Krümmungssumme zeigt sich ebenfalls in den Werten des *Fließwinkels* ε aus der Simulation. Ein weiteres Beispiel ist bei der Krümmungssumme $\Sigma R^{-1} = 0{,}6\ mm^{-1}$ z. B. bei der mittleren Vorverdichtung zu sehen. Der übergeordnete Einfluss der Krümmungssumme auf den *Fließwinkel ε* ist in dem Modell gut wieder gegeben. Durch die Berücksichtigung von Wechselwirkungen der Radien mit anderen Parametern wurde hier eine Steigerung der Modellgüte erreicht.

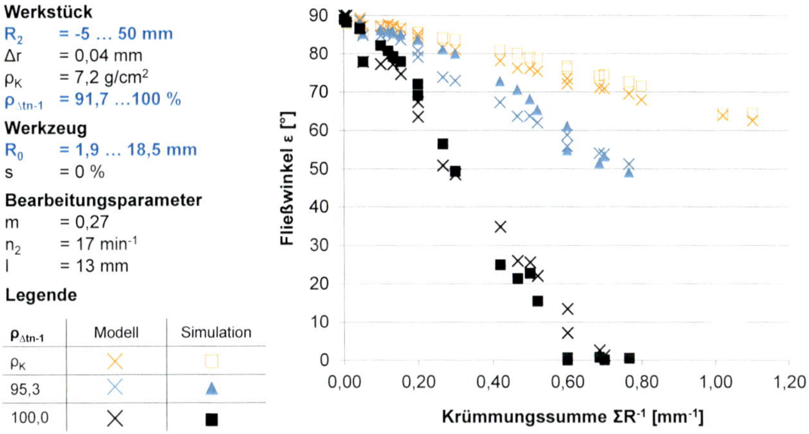

Bild 6.12: Vergleich von Modell und Simulation: Einfluss der Krümmungssumme

Comparison of model and simulation: Influence of sum of curvature

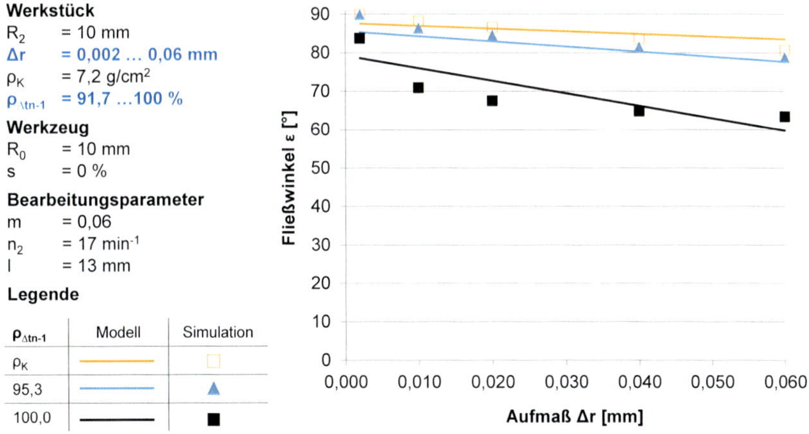

Bild 6.13: Vergleich von Modell und Simulation: Einfluss des Aufmaßes

Comparison of model and simulation: Influence of stock

Bild 6.13 zeigt den Einfluss des Aufmaßes auf den *Fließwinkel ε*. Verglichen werden Werte von Modell und Simulation. Dazu wird das Aufmaß in fünf Stufen und die Vorverdichtung in drei Stufen variiert.

Die Werte der Simulation zeigen einen leicht degressiv fallenden Verlauf mit steigendem Aufmaß in diesem Wertebereich. Insgesamt zeigte sich in der Regressionsanalyse jedoch, dass die Einbeziehung des Aufmaßes mittels einer linearen Teilfunktion den gesamten Wertebereich am genausten wiedergibt. Daher ist hier der lineare Einfluss des Aufmaßes im Modell für den *Fließwinkel* ε zu sehen. Die Geraden gleichen die Werte der Simulation sehr gut aus, sodass nur geringe Abweichungen entstehen. Der Einfluss der *vorliegenden Randdichte* $\rho_{\Delta tn-1}$ auf den *Fließwinkel* ε wurde für Simulations- und Modellwerte sehr gut abgebildet. Damit zeigt sich, dass das Modell auch mit der einfachen, linearen Teilfunktion gut für die Abbildung der Werte der Simulation geeignet ist.

Abschließend wurde die Modellgüte anhand einer der Wechselwirkungen überprüft. Dazu wurde die Wechselwirkung von Schlupf und Reibfaktor anhand der Werte der Simulation in Bild 5.18 mit dem Modell nachgerechnet. In **Bild 6.14** wurde der Schlupf in zwei Stufen, der Reibfaktor in drei Stufen variiert.

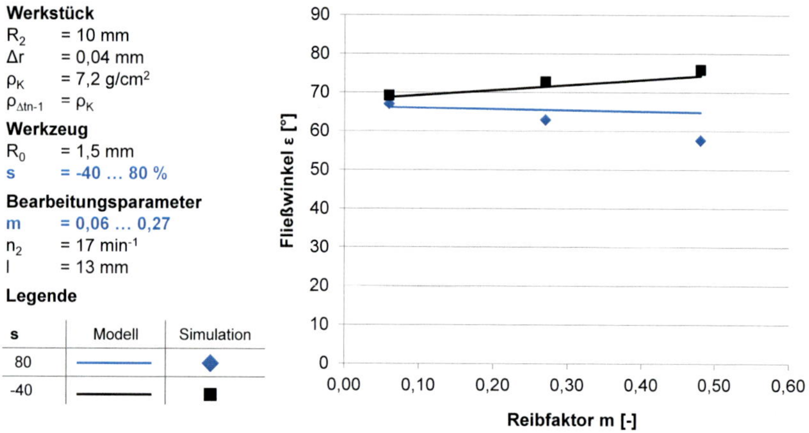

Bild 6.14: Vergleich von Modell und Simulation: Wechselwirkung von Reibfaktor und Schlupf

Comparison of model and simulation: Interdependency of friction factor and slip

Bei negativem Schlupf steigen die Werte des *Fließwinkels* ε der Simulation, bei positivem Schlupf sinken sie hingegen mit steigendem Reibfaktor. Die in den Walzspalt zeigende Relativbewegung, die bei negativem Schlupf entsteht, führt zu einem größeren *Fließwinkel* ε. Dieses Verhalten wird durch die Teilfunktion für die Wechselwirkung von Schlupf und Reibfaktor im Modell gut wieder gegeben. Geringe Abweichungen treten bei positivem Schlupf auf, obwohl der qualitative Verlauf richtig wiedergegeben ist. Die einfache Multiplikation der Parameter berücksichtigt daher die in Bild 5.12 beobachtete Wechselwirkung sehr gut.

Der *Fließwinkel* ε wurde über eine einfache Modellfunktion sehr gut abgebildet. Sowohl die direkten Einflüsse von Krümmungssumme, Randdichte und Aufmaß, als auch die Wechselwirkungen wurden durch die Funktion sehr gut wieder gegeben. Die qualitativen Zusammenhänge wurden genau abgebildet und die Abweichungen sind gering.

6.4 Fazit

Conclusion

Anhand der in Kapitel 5 ermittelten Zusammenhänge von Aufmaß, Krümmungssumme, Randdichte, Schlupf und Reibfaktor sowie deren Wechselwirkungen wurden in Kapitel 6 Vorhersagemodelle für die *Zunahme der Randdichte* $\Delta\rho_{\Delta tn}$ und den *Fließwinkel* ε entwickelt. Anhand der Beobachtungen wurden Teilfunktionen aufgestellt, die in den Modellfunktionen zusammengefasst wurden. Dadurch wurde sichergestellt, dass das Modell seine Aussagekraft außerhalb der Modellgrenzen für qualitative Vergleiche behält.

Bei der Entwicklung der Modellfunktion über multiple Regressionsanalyse wurde die Modellgüte überprüft. Die Modellgüte wurde anhand von Bestimmtheitsmaß, korrigiertem Bestimmtheitsmaß und Vorhersagemaß ermittelt. Durch die Berücksichtigung dieser drei Größen wurde überprüft, inwiefern das Modell die Werte der Simulation wiedergibt, ob eine angemessene Anzahl an Koeffizienten zur Modellanpassung verwendet wurde und ob einzelne Werte der Simulation die Modellbildung übermäßig beeinflussen.

Die *Zunahme der Randdichte* $\Delta\rho_{\Delta tn}$ wurde über ein sehr einfaches Modell mit den Parametern Krümmungssumme, *vorliegende Randdichte* $\rho_{\Delta tn\text{-}1}$ und Aufmaß ohne zusätzliche Wechselwirkungen abgebildet. Der analytisch-empirische Ansatz bildet die *Zunahme der Randdichte* $\Delta\rho_{\Delta tn}$ sowohl qualitativ als auch quantitativ mit dem sehr einfachen Modell äußerst genau ab.

Der *Fließwinkel* ε wurde über ein Modell abgebildet, in das alle untersuchten Parameter sowie deren Wechselwirkungen einbezogen wurden. Neben den einzelnen Einflüssen durch die Prozessgrößen – wie der *vorliegenden Randdichte* $\rho_{\Delta tn\text{-}1}$, dem Aufmaß und der Krümmungssumme – wurden Wechselwirkungen von Kontaktradien, Aufmaß, Schlupf und Reibfaktor berücksichtigt. Das Modell bildet die Werte der Simulation sehr genau ab.

Beide Vorhersagemodelle zeigten neben der guten Abbildung der Werte der Simulation, eine angemessene Anzahl an Koeffizienten und einen vernachlässigbaren Einfluss einzelner Werte der Simulation auf das Gesamtergebnis. Die Vorhersagemodelle können verwendet werden, um Prozessauslegungen zu vergleichen und ihre Auswirkungen auf Verdichtung und oberflächennahe Deformation zu beurteilen.

Anhand der empirischen Untersuchungen in Kapitel 5 und der Entwicklung der Vorhersagemodelle für den Materialfluss in Kapitel 6 wurde gezeigt, welchen Einfluss die geometrisch-kinematischen Kontaktbedingungen auf den Materialfluss beim Dichtwalzen im zylindrischen Kontakt haben. Damit wurde die zweite Forschungsfrage beantwortet. Im Folgenden ist der Einfluss der Prozessauslegung auf die geometrisch-kinematischen Kontaktbedingungen (Forschungsfrage 3) zu analysieren und die Übertragbarkeit der Modelle auf das Dichtwalzen von Zahnrädern zu prüfen (Forschungsfrage 4).

7 Anwendung der Vorhersagemodelle auf das Dichtwalzen von PM-Zahnrädern

Application of Prediction Models on Densification Rolling of PM Gears

Das Ziel dieser Arbeit ist die Entwicklung von Vorhersagemodellen für den Materialfluss beim Dichtwalzen von PM-Zahnrädern. Um die Gültigkeit der in Kapitel 6 entwickelten Vorhersagemodelle nachzuweisen, sind die Modelle auf das Dichtwalzen von PM-Zahnrädern anzuwenden. Dazu ist die dritte Forschungsfrage zu beantworten, welchen Einfluss die Prozessauslegung auf die geometrisch-kinematischen Kontaktbedingungen beim Dichtwalzen von PM-Zahnrädern hat. Dies erfolgt in diesem Kapitel am Beispiel von zwei Prozessauslegungen, für die die Eingangsparameter der Vorhersagemodelle (Werkstück- und Werkzeugkontaktradien, Schlupf und Aufmaß) ermittelt werden. Weiterhin ist die vierte Forschungsfrage zu beantworten, in wieweit sich die Erkenntnisse aus dem zylindrischen Kontakt auf das Dichtwalzen von Zahnrädern übertragen lassen. Hierfür werden in diesem Kapitel die Vorhersagemodelle auf zwei Prozessauslegungen angewandt. Die Vorhersagen werden in Kapitel 8 mit experimentellen Untersuchungen verglichen.

7.1 Definition der Zahnradgeometrie und der Prozessvarianten

Definition of Gear Geometry and Process Variants

Für die Untersuchung wurde eine Verzahnung verwendet, die pulvermetallurgisch hergestellt werden kann und im Modulbereich von automobilen Leistungsverzahnungen liegt. Mit dieser Verzahnungsgeometrie wurde die Relevanz der Untersuchung für einen Markt sichergestellt, der für die pulvermetallurgische Herstellung aufgrund der hohen Stückzahlen und Losgrößen wichtig ist. Die Dichtwalzversuche erfolgten am Werkzeugmaschinenlabor der RWTH Aachen mit der Walzmaschine Profiroll PR15HP, die vergleichsweise nur geringe Walzkräfte aufbringen kann. Die Verzahnung war daher in Modul, Zahnbreite und Durchmesser begrenzt. Die Verzahnungsdaten sind in **Bild 7.1** dargestellt.

Die Vorhersagemodelle aus Kapitel 6 werden im Folgenden angewandt und die daraus resultierenden Vorhersagen in Kapitel 8 mit experimentellen Ergebnissen verglichen, um die Modelle zu validieren. Bei Modellierungen ist aufgrund der prinzipbedingten Abstraktion immer eine Abweichung zum Experiment zu erwarten. Daher wurden die Vorhersagemodelle auf zwei Prozessvarianten angewandt, um zusätzlich zu Abweichungen auch Tendenzen der beiden Varianten in die Bewertung mit einbeziehen zu können.

Der Dichtwalzprozess wird auf vielfache Weise beeinflusst, vgl. Bild 4.1. Am Werkstück kann die Werkstückgeometrie, der Werkstoff, die Kerndichte und die Aufmaßverteilung variiert werden. Beim Werkzeug lässt sich der Prozess u. a. über die Zähnezahl und die Profilverschiebung beeinflussen. Durch die Prozessparameter können die Zustellkurve, die Drehzahl und die Anzahl an Überrollungen das Ergebnis beeinflussen. Entsprechend der in Kapitel 4.1 definierten Systemgrenzen entfallen weitere Einflussmöglichkeiten – wie u. a. die Maschine etc. – als Variationsparameter.

Normalmodul	m_n = 2 mm
Eingriffwinkel	α = 20°
Schrägungswinkel	β = 0°
Profilverschiebung	x_2 = -0,2
Zahnbreite	b = 14 mm
Zähnezahl	z_2 = 27
Kopfkreisdurchmesser	d_a = 57,2 mm
Fußkreisdurchmesser	d_f = 48,9 mm
Fußformkreisdurchmesser	d_{Ff} = 51,1 mm

Bild 7.1: Definition der Zahnradgeometrie
Definition of gear geometry

Die Ergebnisse der vorangegangenen Kapitel zeigen den wesentlichen Einfluss von Kontaktradien und Aufmaßverteilung auf den Materialfluss. Diese Parameter werden durch Variation von Werkstückgeometrie, Aufmaßverteilung und Werkzeuggeometrie variiert. Ein einfacher Vergleich der Prozessvarianten wird ermöglicht, wenn die Werkstückgeometrie nicht verändert wird, da dann die Randdichte und die Oberflächendeformation an den gleichen Stellen direkt verglichen werden können. Variationen der Aufmaßverteilung und der Werkzeuggeometrie sind beide möglich. Hier wurde die Variation der Werkzeuggeometrie gewählt, da der Einfluss der Kontaktradien auf den Materialfluss sehr groß ist und da deren Einfluss auf die Verdichtung und die Deformation im Zahnfuß bisher noch nicht untersucht wurde.

Bild 7.2 zeigt oben links für das gewählte Werkstück die Kontur der Zahnlücke in X-Y-Koordinaten. Das in Bild 7.1 definierte Werkstück beschreibt die Zielgeometrie, die als helle Kurve abgebildet ist. So wie hier die Y-Koordinate über der X-Koordinate des Werkstücks dargestellt ist, werden im Folgenden die Ausgabegrößen der Kontaktanalyse des Werkstücks über der X-Koordinate des Werkstücks dargestellt. Die schwarze Kurve ist die Zahnlücke des Walzrohlings, die sich aus der Überlagerung von Zielgeometrie und Aufmaßverteilung ergibt. Das Aufmaß hat ein Maximum auf der Flanke, kurz oberhalb des Fußformkreises, und ein lokales Minimum am Zahnfuß, vgl. Bild 7.2 unten links. Am Zahnkopf ist ein negatives Aufmaß – also ein Untermaß – vorgesehen. Das Untermaß ist notwendig, damit das erwartete Kopfwachstum ermöglicht wird.

Die Werkzeuggeometrie wird bei gegebener Werkstückgeometrie mittels der Parameter Profilverschiebung und Zähnezahl variiert. In Bild 7.2 sind oben rechts die Zahnkonturen der Werkzeuge für variierende Profilverschiebungen dargestellt. Dabei wurde die Profilverschiebung jeweils so klein bzw. groß gewählt, dass die resultierenden Zahngeometrien möglichst verschieden sind und gleichzeitig der Zahnkopf nicht zu spitz und der Zahnfuß nicht zu dünn ist. Werkzeug A hat eine Profilverschiebung von x_{0A} = -0,7 und Werkzeug B eine Profilverschiebung von x_{0B} = 1,28. Werkzeug B hat einen deutlich schmaleren Zahnkopf als Werkzeug A mit einem sehr kleinen Radius im Übergang von Zahnkopf zur Zahnflanke. Weiterhin unterscheidet sich auch die Steigung der Zahnflanken der beiden Werkzeuge.

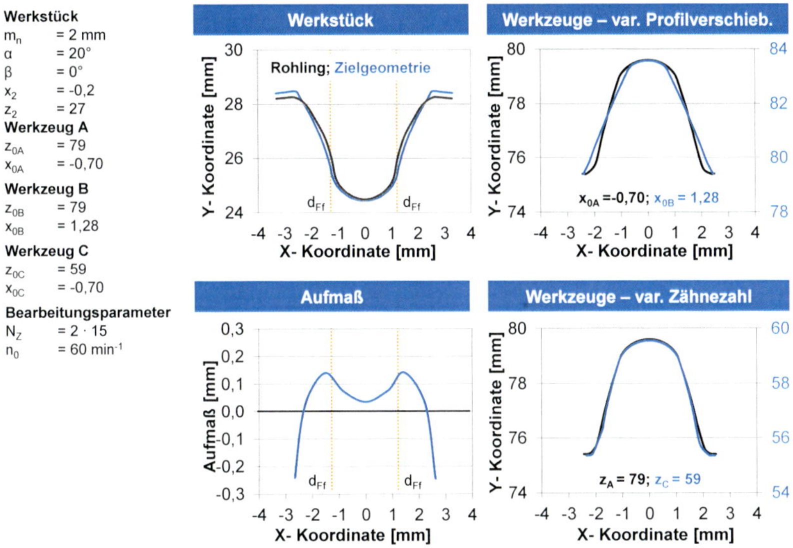

Bild 7.2: Definition der Prozessvarianten

Definition of process variants

In Bild 7.2 sind unten rechts die Zahnkonturen der Werkzeuge für verschiedene Zähnezahlen dargestellt. Werkzeug A hat eine Zähnezahl von z_A = 79 und Werkzeug C eine Zähnezahl von z_C = 59. Die Zähnezahlen wurden aus der Gruppe der Primzahlen gewählt, um im Prozess die Anzahl an sich wiederholenden Flankenpaarungen klein zu halten. Die Zähnezahlen waren nicht weiter variierbar, da aufgrund des Maschinenbauraums Begrenzungen hinsichtlich der maximalen und minimalen Durchmesser bestehen. Durch die unterschiedlichen Zähnezahlen ändert sich die Zahnform nur minimal im Vergleich zu der Änderung durch unterschiedliche Profilverschiebungen. Für die Validierung der Vorhersagemodelle wurden die Prozessvarianten A und B ausgewählt, die sich durch die verschiedenen Profilverschiebungen der Werkzeugvarianten (Werkzeuggeometrien A und B) unterscheiden, um den Einfluss der Werkzeuggeometrie auf den Materialfluss in Vorhersage und Experiment zu überprüfen.

Aufgrund der unterschiedlichen Werkzeuggeometrien sind basierend auf den Ergebnissen in Bild 5.20 einige Unterschiede in den Prozessergebnissen zu erwarten. Durch kleine Kontaktradien am Werkzeugkopf ist für beide Varianten eine deutliche

Gefügedeformation am Fußformkreis des Werkstücks zu erwarten. Wegen des sehr kleinen Radius im Übergang von Zahnkopf zu Zahnflanke von Werkzeuggeometrie B wird bei diesem Werkzeug die Deformation stärker ausgeprägt sein. Die Bereiche geringer Oberflächendeformation sind am Wälzkreis zu erwarten, die für die beiden Werkzeuggeometrien auf unterschiedlichen Durchmessern der Werkstücke liegen. Der Wälzkreis von Prozessvariante B liegt näher am Werkstückkopf und der Bereich positiven Schlupfs ist größer als bei Prozessvariante A, weswegen bei Prozessvariante B auch auf der Flanke eine stärkere Strukturierung der Oberfläche vorliegen wird. Bezüglich der Dichte ist bei beiden Prozessvarianten eine gute Verdichtung der oberflächennahen Randzone zu erwarten. Genauere Informationen zu den Kontaktbedingungen liefert die Kontaktanalyse der beiden Prozesse in Kapitel 7.2.

Die Zustellung erfolgte linear in 15 Werkstückumdrehungen. Dabei ergeben sich doppelt so viele Werkzeugkontakte pro Werkstückumdrehung, weil pro Umdrehung jedes der zwei Werkzeuge einmal in Kontakt kommt. Daher erfolgte die Zustellung in $N_Z = 15 \cdot 2$ Zustellschritten. Die Werkzeuge drehten mit einer Drehzahl von $n_0 = 60\ min^{-1}$.

7.2 Kontaktanalyse des Dichtwalzens

Contact Analysis of Densification Rolling

Im Folgenden werden für das Werkstück die Ergebnisse der Kontaktanalysen für den Kontakt mit den Werkzeuggeometrien A und B in $N_Z = 15 \cdot 2 = 30$ Zustellschritten beschrieben. Das Vorgehen für die Kontaktanalysen ist in Kapitel 4.2 dargestellt. Die Ergebnisse sind über der X-Koordinate des Werkstücks aufgetragen, die die Lückengeometrie des Werkstücks in Bild 7.2 beschreibt. Da die Ergebnisse symmetrisch für beide Flanken gelten, ist jeweils nur die linke Flanke des Werkstückzahns abgebildet.

Bild 7.3 zeigt die Kontaktradien des Werkstücks für beide Prozessvarianten. Die Werkstückgeometrien wurden durch Abwälzen der beiden Werkzeuge erhalten und hängen von der Werkzeuggeometrie und von der Zustellung ab. Die Kontaktradien werden je nach Bereich über die Evolventengleichung oder über iterative Annäherung der Kurve durch Dreipunktkreise ermittelt. Die Ergebnisse der Prozessvariante mit Werkzeug A sind mit durchgezogenen Linien dargestellt, die der Prozessvariante mit Werkzeug B mit gestrichelten Linien. Von den insgesamt $N_Z = 30$ Zustellschritten sind nur drei Schritte dargestellt: der erste Kontakt von Werkstück und Werkzeug ($N_Z = 1$), ein Kontakt bei halber Prozessdauer ($N_Z = 15$) und der letzte Kontakt von Werkzeug und Werkstück ($N_Z = 30$). Die dargestellten Zustellschritte sind farblich gekennzeichnet, je dunkler die Farbe, desto größer der Zustellschritt. Als Orientierung sind die X-Koordinaten des Fußformkreises und der Wälzkreise der beiden Prozessvarianten für den letzten Werkzeugkontakt gepunktet dargestellt ($d_{WA30} = 55{,}0$ mm und $d_{WB30} = 53{,}0$ mm).

Außerhalb des Fußformkreises ($|x_{dFf}| > 1{,}27$ mm) sinkt der Werkstückkontaktradius progressiv vom Kopf zum Fußformkreis. Die Kurven entsprechen der Evolventenfunktion. Aufgrund der unterschiedlichen Zustelltiefe der drei dargestellten Zustellschritte, die sich aus der Zustellkurve des Prozesses ergibt, entstehen Verschiebungen der Evolvente wie bei unterschiedlichen Profilverschiebungen. Der Verlauf der Kurve ist für denselben Zustellschritt für die beiden Prozessvarianten identisch. Am Fußformkreis ändert sich der Kontaktradius deutlich und fällt in den negativen Bereich.

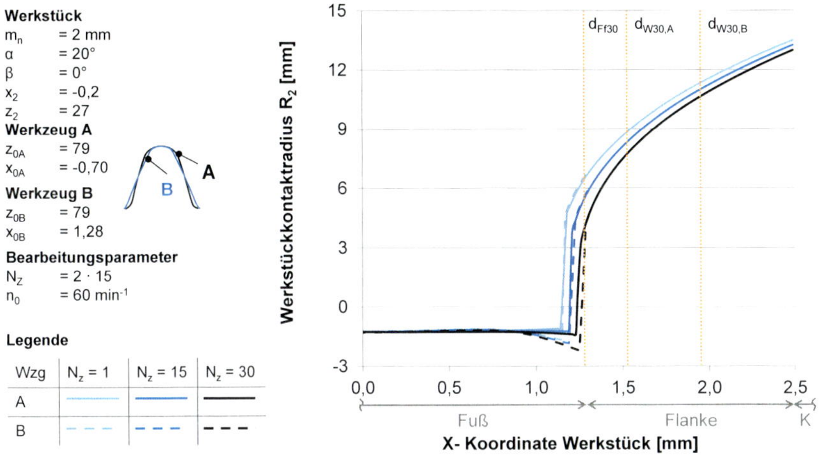

Bild 7.3: Werkstückkontaktradien der Prozessvarianten
Workpiece contact radii of process variants

Kurz unterhalb des Fußformkreises verlaufen die Kurven für unterschiedliche Werkzeuggeometrien nicht identisch: Die Werkstückgeometrie, die durch Werkzeug B erzeugt wurde, zeigt im Übergang deutlich kleinere, konkave Kontaktradien als bei Verwendung von Werkzeug A.

In **Bild 7.4** ist der Werkzeugkontaktradius für die beiden Prozessvarianten über der X-Koordinate des Werkstücks dargestellt. Beim Abwälzen des Werkzeugzahns durch die Zahnlücke des Werkstücks ordnet die Kontaktanalyse den Werkstückkoordinaten die Werkzeugkoordinaten zu, die mit ihnen in den verschiedenen Zustellschritten in Kontakt kommen. Die Werkzeuge sind – ebenso wie die Werkstücke – auf den Flanken evolventisch geformt. Die Kontaktradien werden je nach Bereich über die Evolventengleichung oder über iterative Annäherung der Kurve durch Dreipunktkreise berechnet. Da der Werkzeugfuß den Werkstückkopf und der Werkzeugkopf den Werkstückfuß berührt, liegt ein progressiver Anstieg des Werkzeugkontaktradius vom Werkstückkopf zum Fußformkreis vor. Am Fußformkreis des Werkstücks ändert sich der Kontaktradius stark, da hier der Übergang zum Werkzeugkopf liegt. Am Zahnkopf liegen sehr kleine, konvexe Kontaktradien vor.

Auf der Flanke hat Werkzeug A deutlich kleinere Kontaktradien als Werkzeug B. Der Werkzeugkontaktradius zeigt auf der Zahnflanke nur geringe Unterschiede bei gleichem Werkzeug und unterschiedlichen Zustellschritten. Die Unterschiede resultieren aus verschiedenen Kontaktbereichen während der Zustellung. Am Werkstückfuß sind deutliche Unterschiede für die verschiedenen Werkzeuge zu erkennen: Werkzeug B zeigt im Fußbereich des Werkstücks zwei unterschiedliche Niveaus des Kontaktradius. Mittig in der Lücke (x_{Wst} = 0 mm) ist der Kontaktradius identisch mit dem von Werkzeug A. Zum Fußformkreis des Werkstücks sinkt der Kontaktradius jedoch deutlich auf ein niedrigeres Niveau ab.

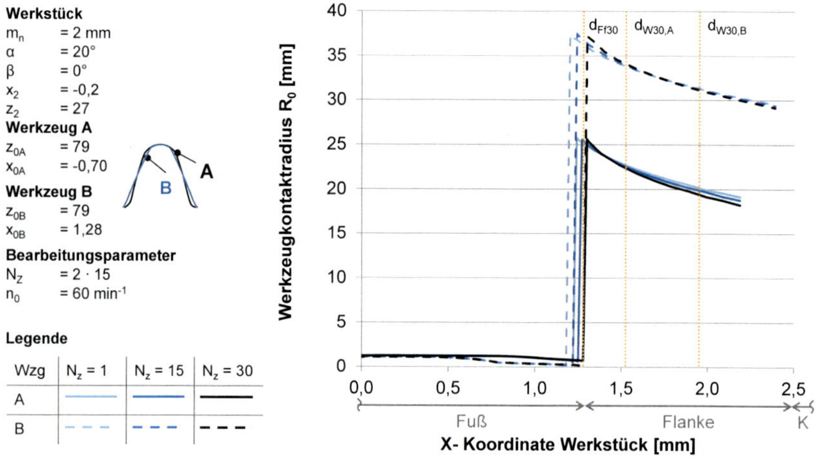

Bild 7.4: Werkzeugkontaktradien der Prozessvarianten
Tool contact radii of process variants

Zusammenfassend kann festgehalten werden, dass die unterschiedlichen Profilverschiebungen der Werkzeuge A und B zu deutlich unterschiedlichen Kontaktradien an der Flanke des Werkstücks führen. Außerdem treten bei Werkzeug B im Übergang von Fußformkreis zum Fußkreis des Werkstücks sehr kleine Kontaktradien auf.

Das lokale Aufmaß wird in mehreren Schritten berechnet. Die verschiedenen resultierenden Abwälz-Geometrien des Werkstücks in den Zustellungen werden berechnet. Das Aufmaß in der ersten Zustellung ergibt sich aus dem senkrechten Abstand zwischen dem Walzrohling und der Abwälz-Geometrie in der ersten Zustellung, vgl. **Bild 7.5**. Die innere Hüllkurve aus Rohlingsgeometrie und der Abwälz-Geometrie in der ersten Zustellung bildet die resultierende Lückengeometrie der ersten Zustellung. Für jede weitere Zustellung gilt: Das Aufmaß der aktuellen Zustellung wird aus dem senkrechten Abstand von der Abwälz-Geometrie in der aktuellen Zustellung mit der resultierenden Lückengeometrie der vorherigen Zustellung berechnet.

Die Gesamtzustellung ergibt sich aus der Differenz der Achsabstände vom letzten Schritt und vom ersten berührenden Kontakt. Die Zustellung wurde in den Kontakten schrittweise linear erhöht. Aus den unterschiedlichen Werkzeuggeometrien resultieren unterschiedliche Achsabstandsdifferenzen zwischen erstem und letztem Kontakt. Die Achsabstandsdifferenz für Werkzeug A liegt bei Δa_A = 0,43 mm und für Werkzeug B bei Δa_B = 0,35 mm. Dadurch ist notwendigerweise die Zustellkurve leicht unterschiedlich für beide Werkzeuge.

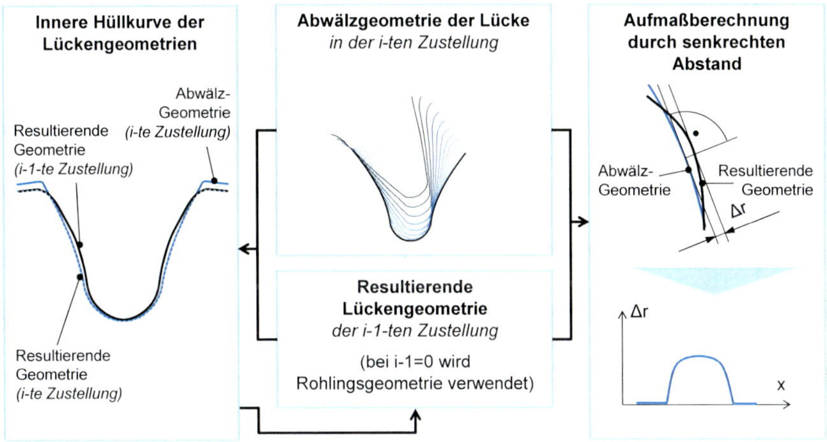

Bild 7.5: Vorgehen zur Bestimmung des lokalen Aufmaßes
Approach for determination of local stock

Bild 7.6 zeigt die Aufmaßverteilung für die Zustellschritte $N_Z = 1$, $N_Z = 15$ und $N_Z = 30$ für beide Werkzeugvarianten. In der hell dargestellten, ersten Zustellung liegt Kontakt für beide Werkzeuge nur im unteren Bereich der Flanke vor. Die Unregelmäßigkeiten in der Kurve resultieren aus der numerischen Berechnung und sind für die spätere Auswertung vernachlässigbar.

Je tiefer die Zustellung ist, desto breiter ist der Bereich der theoretischen Durchdringung, in dem Aufmaß vorliegt, also der Bereich, in dem durch die Kontaktanalyse Kontakt definiert wird. Für Zustellung $N_Z = 15$ und Zustellung $N_Z = 30$ liegt oberhalb des Fußformkreises ein annäherungsweise konstantes Niveau für das Aufmaß vor. Das Niveau liegt aufgrund der geringeren Steigung der Zustellkurve für Werkzeug B etwas höher als für Werkzeug A. Wie der Vergleich der unterschiedlichen Zustellungen im Zahnfußbereich zeigt, kommt der Zahnfuß des Werkstücks erst spät in Kontakt mit dem Werkzeug. Daher wird das dort vorliegende Aufmaß in weniger Schritten verdichtet als das Aufmaß auf der Zahnflanke.

Aus der Abwälzbewegung von Werkstücklücke und Werkzeugzahn wird in der Kontaktanalyse auch der lokale Schlupf berechnet. Dieser ergibt sich aus der Differenz der Tangentialgeschwindigkeiten und damit aus den lokalen Steigungen und der Umfangsgeschwindigkeit am Kontaktpunkt, vgl. Gleichungen (4-1) bis (4-3). Die Komplexität der Berechnung liegt daher in der Information, welcher Punkt des Werkzeugs mit welchem Punkt des Werkstücks in Kontakt kommt, also in der Zuordnung der Koordinaten. Diese Information wird in der Kontaktanalyse durch das Abwälzen des Werkzeugzahns durch die Werkstücklücke generiert.

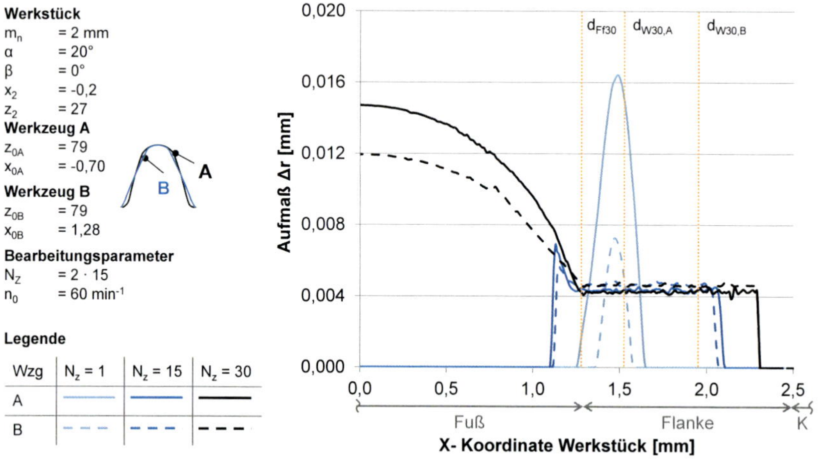

Bild 7.6: Aufmaßverteilung der Prozessvarianten

Stock distribution of process variants

Bild 7.7 zeigt die Schlupfverteilung für beide Werkzeuge in den drei berücksichtigten Zustellschritten über der X-Koordinate des Werkstücks. Alle Kurven sinken vom Zahnkopf zum Fußformkreis progressiv ab. Am Fußformkreis liegt ein Knick im Kurvenverlauf des Schlupfs vor. Von dort steigen die Kurven zum Fußkreis hin degressiv an.

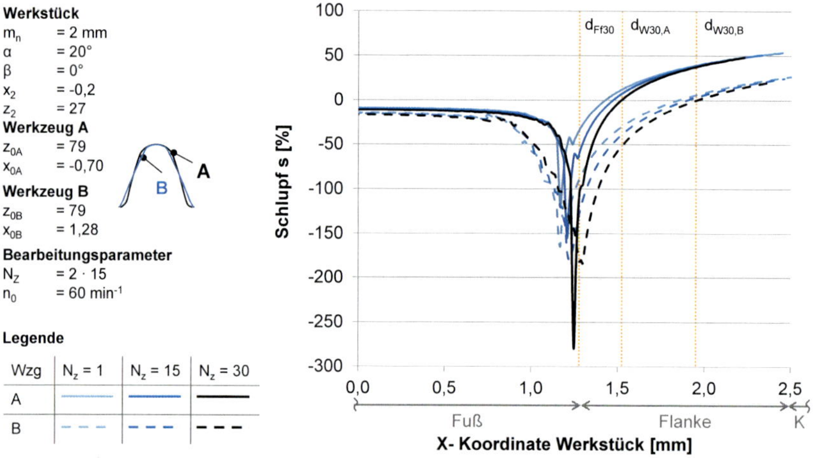

Bild 7.7: Schlupfverteilung der Prozessvarianten

Slip distribution of process variants

Der Wälzkreis ist dort definiert, wo im Flankenkontakt kein Schlupf vorliegt. Aufgrund der unterschiedlichen Profilverschiebungen der Werkzeuge sind die Wälzkreisdurchmesser verschieden. Auch durch die unterschiedlichen Zustellschritte ändert sich die Lage des Wälzkreises, jedoch geringer als durch die unterschiedlichen Werkzeuggeometrien. Der Kontakt von Werkzeug B mit dem Werkstück resultiert auf der Zahnflanke für alle Zustellschritte in einem höheren absoluten Schlupf als bei Verwendung von Werkzeug A. Das bedeutet, dass bei Verwendung von Werkzeug A über einen großen Bereich positiver Schlupf vorliegt und deutlich höhere Werte positiven Schlupfes erreicht werden als bei Verwendung von Werkzeug B. Am Fußformkreis zeigen beide Werkzeuge eine lokale Überhöhung des absoluten Schlupfes. Diese ist in der Werkstückgeometrie zu begründen: Am Übergang von Flanke zum Fußbereich, am Fußformkreis, ändert sich die Geometrie von konvex zu konkav. An dieser Stelle ist die Tangente an der Oberfläche äußerst steil. Da die Tangentensteigung über den Eingriffwinkel in die Berechnung des Schlupfes eingeht, resultiert diese Überhöhung, vgl. Gleichungen (4-1) bis (4-3). Im Zahnfuß ist der Schlupf negativ und die Werte für Werkzeug B etwas höher als für Werkzeug A.

Durch die Kontaktanalyse wurde erstmals der Dichtwalzprozess in die verschiedenen Zustellschritte fein aufgegliedert analysiert. Dadurch wurde der Einfluss der Werkzeuggeometrie auf die Werkstückgeometrie, das Aufmaß und den Schlupf sichtbar. Diese Methode kann daher zur Kontaktanalyse eingesetzt werden, um eine erste Prozessbewertung ohne FE-Simulation oder experimentelle Untersuchungen zu treffen.

7.3 Anwendung der Vorhersagemodelle

Application of Prediction Models

Mit den Informationen aus der Kontaktanalyse in Kapitel 7.2 werden nun die in Kapitel 6 vorgestellten Vorhersagemodelle angewandt, um eine Vorhersage der Randdichte und des *Fließwinkels* ε zu treffen. **Bild 7.8** zeigt beispielhaft das Vorgehen zur Anwendung der Vorhersagemodelle. Dabei wurden an der X-Koordinate des Werkstücks x_{Wst} = 1,49 mm die ermittelten Kontaktradien auf einen Millimeter normiert und in die Krümmungen umgerechnet. Das zu verdichtende Aufmaß wurde auf Millimeter und der lokale Schlupf auf Prozent normiert. In dem Beispiel wird der Kontakt in der ersten Zustellung berechnet, daher entspricht die Randdichte der Kerndichte. Der Reibfaktor wurde aufgrund der Angaben in der Literatur (vgl. Kapitel 2.6) zu m = 0,15 angenommen. Diese Werte wurden in die Vorhersagemodelle eingesetzt. Für die X-Koordinate x_{Wst} = 1,49 mm wurde in der ersten Zustellung eine *Zunahme der Randdichte* $\Delta\rho_{\Delta tn}$ von $\Delta\rho_{\Delta tn}$ = 0,045 = 4,5 % berechnet. Die Randdichte nach der ersten Zustellung ist damit $\rho_{\Delta tn}$ = 0,962 = 96,2 %. Der *Fließwinkel* ε in der ersten Zustellung ist ε = 88 °. Für den nächsten Zustellschritt liefert die Kontaktanalyse ebenso die Eingangsdaten für die Stelle x_{Wst} = 1,49 mm. Für den zweiten Kontakt wird für die *vorliegende Randdichte* $\rho_{\Delta tn}$ = 0,962 eingesetzt. Auf die vorgestellte Art werden die *resultierende Randdichte* $\rho_{\Delta tn}$ und der *Fließwinkel* ε für die Beispielverzahnung für alle Zustellschritte und beide Werkzeuge berechnet.

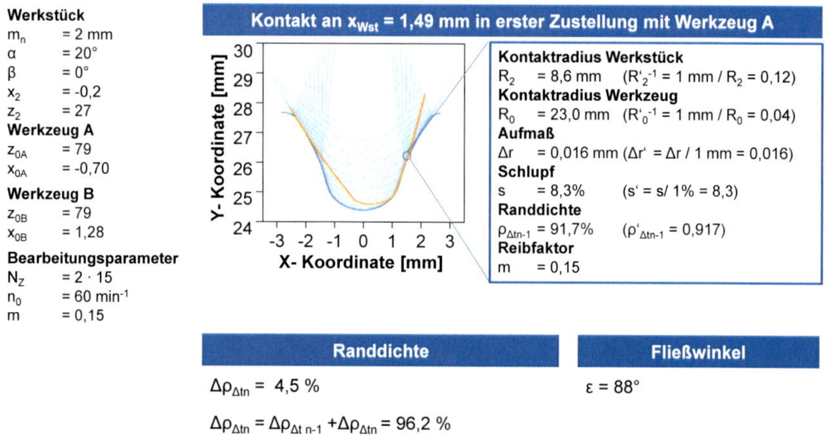

Bild 7.8: Anwendung der Vorhersagemodelle

Application of prediction models

Bild 7.9 zeigt die *resultierende Randdichte* $\rho_{\Delta tn}$ für die Zustellschritte $N_Z = 1$, $N_Z = 15$ und $N_Z = 30$ für die Verwendung beider Werkzeugvarianten. Bei der ersten Zustellung steigt die Randdichte nur kurz oberhalb des Fußformkreises für beide Prozessvarianten. Dabei liegt die maximale, resultierende Randdichte von Werkzeug A höher als für Werkzeug B. Dies ist auf das unterschiedliche Aufmaß in diesem Zustellschritt zurückzuführen.

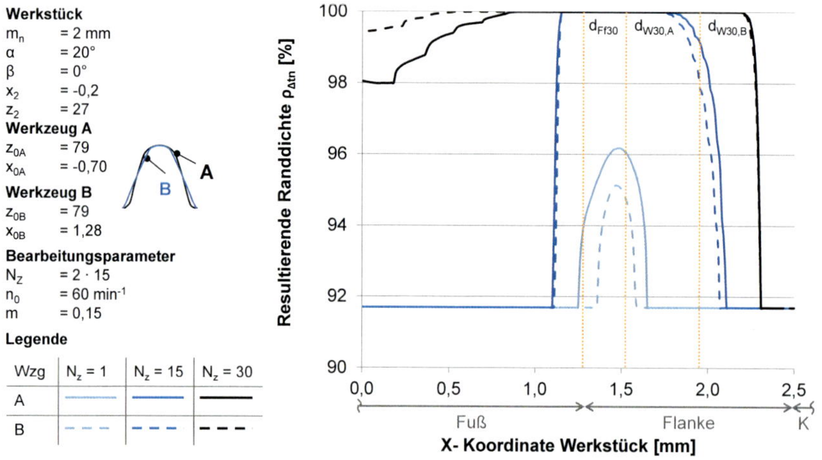

Bild 7.9: Resultierende Randdichte der Prozessvarianten

Resulting surface density of process variants

Nach der halben Prozessdauer bei $N_Z = 15$ liegt im überwiegenden Kontaktbereich für beide Werkzeugvarianten volle Randdichte vor. In den folgenden Prozessschritten weitet sich der Bereich voller Verdichtung der Randzone weiter aus. Im Zahnfußbereich, der erst ab halber Prozessdauer in Kontakt kommt, ist die *resultierende Randdichte* $\rho_{\Delta tn}$ gegenüber der Zahnflanke für beide Prozessvarianten niedriger. Bei Verwendung von Werkzeug A ist die Verdichtung im Zahnfuß geringer als bei Verwendung von Werkzeug B.

Beide Prozessvarianten zeigen eine unstetige Steigung der Randdichte im Zahnfuß beim letzten Werkzeugkontakt $N_Z = 30$. Um diese Knicke im Kurvenverlauf im Zahnfußbereich beim letzten Zustellschritt für Werkzeug A – und weniger stark ausgeprägt auch für Werkzeug B – zu erklären, wird in **Bild 7.10** die Aufmaßverteilung der letzten fünf Zustellschritte für beide Werkzeugvarianten dargestellt. Dabei sind die identischen jeweils maximalen Aufmaßverteilungen (für Werkzeug A: $N_Z = 29$ und $N_Z = 30$; für Werkzeug B: $N_Z = 28$, $N_Z = 29$ und $N_Z = 30$) in Schwarz dargestellt. Je größer der Zustellschritt, desto dunkler wird die Kurve der Aufmaßverteilung dargestellt. Werkzeug B hat bereits bei $N_Z = 27$ im gesamten Fußbereich Kontakt; Werkzeug A erst bei $N_Z = 28$. Dementsprechend sind die zu verdichtenden Aufmaße für Werkzeug A auch größer als für Werkzeug B.

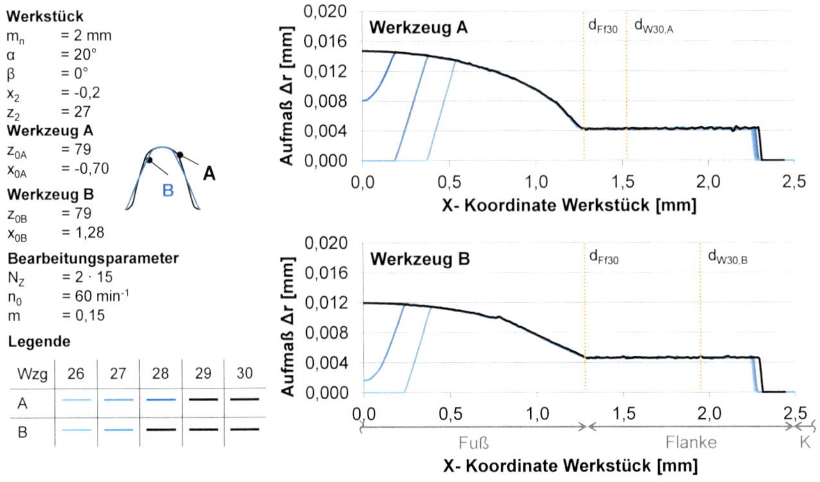

Bild 7.10: Aufmaßverteilung der letzten fünf Zustellschritte
Stock distribution of the last five feed steps

Die unstetige Steigung der Randdichte im Zahnfußbereich in Bild 7.9 ist auf die stufenweise Zunahme des Kontaktbereichs – also des Aufmaßes – in den verschiedenen Zustellschritten zurückzuführen. Dieser Verlauf wird in der Realität stetig sein, da elastisch-plastische Einflüsse die Aufmaßverteilung abflachen.

Die resultierende Randdichte im Zahnfußbereich ist bei Verwendung von Werkzeug B deutlich höher als für Werkzeug A. Da das Gesamtaufmaß im Zahnfuß für beide Prozessvarianten identisch ist und sich nur seine Aufteilung auf die Zustellschritte unterscheidet, ist zu überprüfen, ob der Unterschied an der Aufteilung des Aufmaßes oder an den übrigen Kontaktbedingungen liegt.

In **Tabelle 5** sind die Kontaktbedingungen und die *vorliegende Randdichte* $\rho_{\Delta tn-1}$ für die X-Koordinate des Werkstücks x_{Wst} = 0,3 mm und die resultierenden Randdichten für Werkzeug A und Werkzeug B aufgelistet. Die resultierende Randdichte wird durch das Aufmaß, die *vorliegende Randdichte* $\rho_{\Delta tn-1}$ und die Kontaktradien beeinflusst. Aufgrund der hohen *vorliegenden Randdichte* $\rho_{\Delta tn-1}$ für Prozessvariante B mit $\rho_{\Delta t29}$ = 99,4 % ist nur eine minimale *Zunahme der Randdichte* $\Delta\rho_{\Delta tn}$ zu erwarten. Prozessvariante B hat ein geringeres Aufmaß als Prozessvariante A.

Unten in Tabelle 5 wurden die beeinflussenden Prozessgrößen an der Stelle x_{Wst} = 0,3 mm zu der Prozessvariante A* neu kombiniert, um die Prozessgröße zu identifizieren, die zu der unterschiedlichen Verdichtung der beiden Prozessvarianten am Zahnfuß führt. Für Prozessvariante A* wurden die Kontaktradien von Prozess B und die übrigen Kontaktbedingungen von Prozess A zusammengesetzt. Durch diese Änderung wurde eine Randdichte von $\rho_{\Delta t29A^*}$ = 100,0 % statt $\rho_{\Delta t29A}$ = 98,7 % erreicht. Daher kann hier festgehalten werden, dass die höhere Randdichte von Prozessvariante B im Fußbereich im Wesentlichen aufgrund der größeren Krümmungssumme gegenüber Prozessvariante A erreicht wird.

Tabelle 5: Vergleich der Kontaktbedingungen und resultierenden Randdichten im Zahnfußbereich bei x_{Wst} = 0,3 mm in der letzten Zustellung (N_Z = 30)

	R_2 [mm]	R_0 [mm]	ΣR^{-1} [mm^{-1}]	s [%]	m [-]	Δr [mm]	$\rho_{\Delta t29}$ [%]	$\rho_{\Delta t30}$ [%]
A	-1,27	1,24	0,019	-11,7	0,15	0,014	97,7	98,7
B	-1,25	1,10	0,109	-17,6	0,15	0,012	99,4	99,8
A*	-1,25	1,10	0,109	-11,7	0,15	0,014	97,7	100,0

In **Bild 7.11** ist für die drei Zustellschritte N_Z = 1, N_Z = 15 und N_Z = 30 und die beiden Werkzeugvarianten A und B der *Fließwinkel* ε über der X-Koordinate des Werkstücks dargestellt. In die Berechnung des *Fließwinkels* ε geht auch die in Bild 7.9 berechnete, *vorliegende Randdichte* $\rho_{\Delta tn-1}$ für den Zustellschritt ein.

Für den ersten Zustellschritt sind trotz des großen lokalen Aufmaßes die Werte für den *Fließwinkel* ε nahe $\varepsilon \approx 90$ ° für beide Werkzeugvarianten. Die Werte für Werkzeug B sind so nahe an $\varepsilon \approx 90$ °, dass die geringe Veränderung des *Fließwinkels* ε im Diagramm nicht sichtbar ist. Für die größeren Zustellschritte wird der Bereich, in dem zu verdichtendes Aufmaß vorliegt, größer. Dadurch wird auch der Bereich größer, an dem ein *Fließwinkel* ε kleiner $\varepsilon < 90$ ° vorliegt. Für die halbe und die volle Prozessdauer (N_Z = 15 und N_Z = 30) liegen am Fußformkreis Bereiche vor in denen der *Fließwinkel* ε ungefähr $\varepsilon \approx 0$ ° ist. Diese Bereiche sind für Werkzeug B breiter als für Werkzeug A. Im unteren Zahnfußbereich ($0 > |x_{Wst}| > 0,7$ mm) liegt der *Fließwinkel* ε für beide Varianten bei ungefähr $\varepsilon \approx 90$ °.

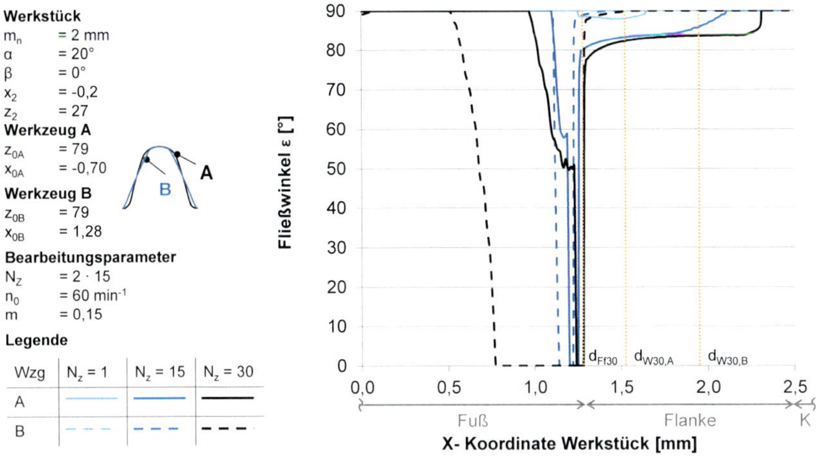

Bild 7.11: Fließwinkel ε der Prozessvarianten

Flow angle ε of process variants

In **Tabelle 6** sind die Kontaktbedingungen und die *vorliegenden Randdichten* $\rho_{\Delta tn-1}$ für die Stelle x_{Wst} = 1,0 mm und die *Fließwinkel* ε für Werkzeug A und Werkzeug B aufgetragen. Der *Fließwinkel* ε wird durch das Aufmaß, die *vorliegende Randdichte* $\rho_{\Delta tn-1}$, die Kontaktradien, den Schlupf und den Reibfaktor beeinflusst. Um zu klären, warum bei Prozessvariante B der Bereich mit sehr kleinen *Fließwinkeln* ε deutlich breiter ist, als bei Prozessvariante A wurden die Kontaktbedingungen verändert und die Varianten A*, A** und A*** definiert. Dabei wurden basierend auf Prozessvariante A jeweils eine Gruppe der Prozessgrößen verändert, die in der Tabelle hervorgehoben wurden. Die *vorliegende Randdichte* $\rho_{\Delta tn-1}$ und der Reibfaktor blieben unverändert, da sie bei Variante A und B identisch sind, und die unterschiedlichen *Fließwinkel* ε daraus nicht erklärt werden können.

Tabelle 6: Vergleich der Kontaktbedingungen und resultierenden Randdichten im Zahnfußbereich bei x_{Wst} = 1,0 mm in der letzten Zustellung (N_Z = 30)

	R_2 [mm]	R_0 [mm]	ΣR^{-1} [mm^{-1}]	s [%]	m [-]	Δr [mm]	$\rho_{\Delta t29}$ [%]	ε_{30} [°]
A	-1,30	1,05	0,182	-21,5	0,15	0,009	100	85
B	-1,49	0,37	2,017	-48,2	0,15	0,008	100	0
A*	-1,49	0,37	2,017	-21,5	0,15	0,009	100	0
A**	-1,30	1,05	0,182	-48,2	0,15	0,009	100	90
A***	-1,30	1,05	0,182	-21,5	0,15	0,008	100	87

Bei Variante A* wurden die Kontaktradien und damit die Krümmungssumme von B übernommen. Dies führte zu dem gleichen *Fließwinkel* ε wie bei Variante B. Wurden hingegen der Schlupf (A**) oder das Aufmaß (A***) auf die Werte von B geändert, wurden ähnlich große *Fließwinkel* ε wie bei A erreicht. Demnach sind für die Unterschiede im *Fließwinkel* ε die Kontaktradien verantwortlich.

In Bild 7.11 zeigen bei Prozessvariante B auch Bereiche oberhalb des Fußformkreises sehr kleine *Fließwinkel ε*. **Tabelle 7** zeigt zwei X-Koordinaten oberhalb des Fußformkreises mit stark unterschiedlichen *Fließwinkeln ε*. Der wesentliche Unterschied in den Kontaktbedingungen dieser Punkte ist die unterschiedliche Krümmungssumme. Der Kontaktradius von Werkzeug B ist an dieser Stelle sehr klein und der Kontaktradius des Werkstücks positiv. Der Werkzeugkopf kommt also mit der Werkstückflanke in Kontakt. Dies führt zu einer sehr großen Krümmungssumme und damit zu einem *Fließwinkel ε* von null.

Tabelle 7: Vergleich der Kontaktbedingungen und resultierenden Randdichten am Fußformkreis bei in der letzten Zustellung durch Werkzeug B

x [mm]	R_2 [mm]	R_0 [mm]	ΣR^{-1} [mm^{-1}]	s [%]	m [-]	Δr [mm]	$\rho_{\Delta t29}$ [%]	ε_{30} [°]
1,29	4,21	18,57	0,291	-1,86	0,15	0,005	100	82
1,28	3,91	0,17	6,150	-2,06	0,15	0,005	100	0

Der Vergleich der Vorhersagen zeigt kaum Unterschiede für die resultierende Randdichte auf der Flanke bei Verwendung unterschiedlicher Werkzeuge. Nur im Zahnfußbereich entsteht aufgrund der unterschiedlichen Kontaktradien für Werkzeug A eine niedrigere Randdichte als für Werkzeug B. Die Werkzeugvarianten führen zu Unterschieden beim *Fließwinkel ε*. Die Bereiche eines reduzierten *Fließwinkels ε* sind bei Verwendung von Werkzeug B größer als bei Werkzeug A. Eine starke Deformation in Form von kleinen *Fließwinkeln ε* zeigt sich bei beiden Varianten insbesondere im Bereich kurz oberhalb und unterhalb des Fußformkreises.

7.4 Fazit

Conclusion

Für die Anwendung der Vorhersagemodelle und die experimentellen Untersuchungen wurde eine Verzahnungsgeometrie ausgewählt, die für die pulvermetallurgische Zahnradfertigung sowie den automobilen Markt relevant und die auf der Versuchsmaschine dichtwalzbar ist. Da der Einfluss der Kontaktradien auf den Materialfluss sehr groß ist und bisher der Einfluss der Kontaktradien auf die Verdichtung und die Deformation im Zahnfuß noch nicht untersucht wurde, wurden für die weiteren Untersuchungen zwei Prozessvarianten definiert, die sich durch die Werkzeuggeometrie unterscheiden. Der Profilverschiebungsfaktor hat einen sehr großen Einfluss auf die Kontaktradien des Werkzeugs. Daher wurden zwei Werkzeuge gleicher Zähnezahl und stark unterschiedlicher Profilverschiebungsfaktoren (x_{0A} = -0,70 und x_{0B} = 1,28) ausgewählt.

Die Kontaktanalyse zeigt, dass die verschiedenen Werkzeuge zu leichten Unterschieden in der Zahnfußausrundung des Werkstücks sowie prinzipbedingt zu unterschiedlichen Werkzeugkontaktradien führen: Das Werkzeug mit der großen, positiven Profilverschiebung führt zu betragsmäßig größeren, negativen Radien im Werkstückfuß am Fußformkreis und hat selbst sehr kleine Kontaktradien im Übergang vom Werkzeugkopf zur Werkzeugflanke im Gegensatz zu dem Werkzeug mit der negativen Profilverschiebung. Die unterschiedlichen Werkzeuge resultieren weiterhin in unterschiedlichen Verteilungen des Aufmaßes. Dabei führte das Werkzeug mit der positiven Profilverschiebung zu geringen Aufmaßen im ersten Kontakt und im Zahnfußbereich, da das identische Aufmaß anders auf die Zustellung verteilt wird. Durch die Steigerung der Profilverschiebung verschiebt sich weiterhin der Wälzkreis zum Werkstückkopf und der Schlupf erreicht nicht so hohe, positive Werte wie bei einem negativen Profilverschiebungsfaktor.

Die Vorhersagemodelle wurden auf die Ergebnisse der Kontaktanalyse angewandt. Dabei ist die Randdichte auf der Flanke für beide Varianten identisch. Der Zahnfuß wird bei beiden Varianten nicht vollständig verdichtet. Das Werkzeug mit der größeren Profilverschiebung führt zu einer höheren Randdichte des Zahnfußes des Werkstücks. Der *Fließwinkel* ε wird nahe des Fußkreises bei beiden Werkzeugvarianten sehr gering, bei Prozessvariante B jedoch auf einem weiteren Bereich als bei Prozessvariante A. Daher ist bei Prozessvariante B mit einer stärkeren Deformation der Oberfläche als bei Prozessvariante A zu rechnen.

Anhand zweier Prozessauslegungen wurde für eine Beispielverzahnung exemplarisch gezeigt, welchen Einfluss die Prozessauslegung auf die geometrisch-kinematischen Kontaktbedingungen hat und damit die dritte Forschungsfrage beantwortet, welchen Einfluss die Prozessauslegung auf die geometrisch-kinematischen Kontaktbedingungen beim Dichtwalzen von PM-Zahnrädern hat. Die Vorhersagemodelle wurden auf die Prozessauslegungen angewandt. Damit erfolgte die Übertragung auf die Zahnradgeometrie. Ob diese Übertragung zulässig ist, wird in Kapitel 8 überprüft und damit die vierte Forschungsfrage beantwortet.

8 Übertragbarkeit auf das Dichtwalzen von PM-Zahnrädern

Transferability on Densification Rolling of PM Gears

In diesem Kapitel werden die experimentellen Ergebnisse der in Kapitel 7 vorgestellten Prozessvarianten A und B genutzt, um eine Validierung der Vorhersagemodelle für die Anwendung des Dichtwalzens von PM-Zahnrädern durchzuführen. Damit wird Forschungsfrage vier, nach der Übertragbarkeit der Ergebnisse auf das Dichtwalzen von PM-Zahnrädern, beantwortet. Dazu werden die verschiedenen Prozessergebnisse der beiden Dichtwalzprozesse miteinander verglichen. Dies liefert ein umfängliches Bild der Auswirkung der Prozessvarianten auf die Prozessergebnisse. Zur Validierung der Vorhersagemodelle für die Randdichte und den Fließwinkel für die Anwendung des Zahnradwalzens werden diese Größen aus den Prozessergebnissen abgeleitet und mit den Vorhersagen verglichen.

8.1 Empirische Analyse des Dichtwalzprozesses

Empirical Analysis of the Densification Rolling Process

Bei der empirischen Analyse wurden die beiden Prozessvarianten anhand unterschiedlicher Prozessergebnisse verglichen. Berücksichtigt wurden die Verzahnungsqualität nach DIN 3960, die Verdichtung und die Oberflächenintegrität. Die Berücksichtigung der verschiedenen Prozessergebnisse erlaubt eine umfassende Bewertung der Qualität der gewalzten Zahnräder.

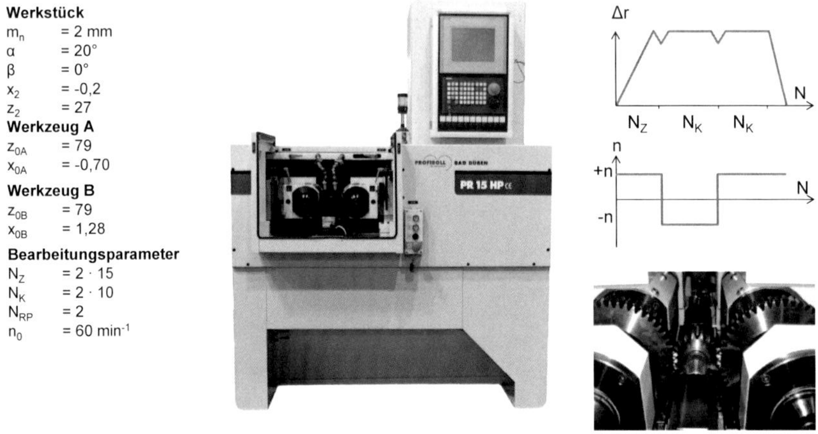

Bild 8.1: Versuchsbedingungen und Versuchsmaschine
Experimental conditions and machine tool

Der Walzrohling wurde mit einem Werkzeugpaar einer der beiden in Bild 7.2 dargestellten Geometrievarianten auf der PR15HP der Firma Profiroll, vgl. **Bild 8.1**, dichtgewalzt. Die Werkzeugpaare unterscheiden sich durch den Profilverschiebungsfaktor.

Die Walzrohlinge wurden für die Versuche aus Ronden zerspanend gefertigt. Dies hat den Vorteil, dass für die Versuche keine Presswerkzeuge gekauft werden müssen und eine ungleichmäßige Verdichtung aufgrund einer mangelhaften Auslegung des Pressprozesses weitestgehend ausgeschlossen wird. Die Ronden bestehen aus dem Werkstoff Fe - 0,85% Mo + 0,25% C, vgl. **Tabelle 8**, und wurden zu einer Dichte von ρ_K = 7,18 g/cm^3 gepresst und bei einer Temperatur von T_{Sinter} = 1120 °C für 20 Minuten gesintert.

Tabelle 8: Zusammensetzung

Fe	Mo	C	Mn	Ni	Cr	Cu
%	%	%	%	%	%	%
98,2	0,83	0,25	0,088	0,046	0,029	0,027

Die Zustellung, also die Reduzierung des Achsabstands auf den Endachsabstand, erfolgt in N_Z = 15 Werkstückumdrehungen, bei denen es zu doppelt so vielen Werkzeugkontakten kommt. Anschließend erfolgt ein Reversierpunkt, an dem der Achsabstand etwas erhöht und die Drehrichtung der Werkzeuge umgekehrt wird, vgl. Bild 8.1. Die Umkehrung der Drehrichtung ist notwendig, um symmetrische Prozessergebnisse auf den beiden Flanken zu erhalten. Durch die kurze Erhöhung des Achsabstands der Werkzeuge wird eine Überlastung der Werkzeuge vermieden. Die auf diese Art und Weise durch je eines der beiden Werkzeugpaare gewalzten Zahnräder werden im Folgenden verglichen.

Es wird die Profilqualität der Zahnräder, die mit den unterschiedlichen Werkzeugvarianten gewalzt wurden, untersucht. Die Verzahnungsqualität wurde auf einer Messmaschine des Typs Klingelnberg P40 an sechs Zähnen taktil ermittelt. In **Bild 8.2** sind die Profilabweichungen aus den sechs Profilmessschrieben pro Flanke aufgetragen, dabei entspricht eine Abweichung von der Vertikalen der Abweichung von der idealen Evolvente. Weiterhin sind die Werte der Profilabweichungen nach DIN 3960 tabellarisch aufgelistet [DIN87b].

Das Zahnrad, das mit der Werkzeuggeometrie A gewalzt wurde, zeigt auf linker und rechter Flanke eine S-förmige Abweichung von der idealen Evolvente. Am Werkstückkopf liegt Untermaß vor, kurz darunter Übermaß. Auf der Höhe des Teilkreises liegt Untermaß und unterhalb des Teilkreises geringeres Übermaß als am Kopf vor. Dieser Verlauf der Profilabweichung ist auch schon aus den Arbeiten von KAUFFMANN bekannt [KAUF13].

Das Zahnrad, das mit der Werkzeuggeometrie B gewalzt wurde, zeigt am Zahnkopf ebenfalls Untermaß. Auf dem größten Teil der Zahnflanke liegen allerdings deutlich geringere Profilabweichungen als an dem Zahnrad vor, das mit der Werkzeuggeometrie A gewalzt wurde. Die Form der Abweichung entspricht weiterhin einer S-Form, wenn auch deutlich weniger ausgeprägt.

Das Untermaß am Zahnkopf bei beiden Prozessvarianten ist auf ein zu großes Untermaß des Walzrohlings zurückzuführen. In der klassischen Prozessentwicklung des Dichtwalzens würde dieses Untermaß iterativ angepasst werden. Da hier jedoch nicht das Erreichen einer bestimmten Verzahnungsqualität, sondern das Prozessverständnis im Vordergrund liegt, erfolgte keine Anpassung der Walzrohlinggeometrie.

Unterhalb der Profilmessschriebe sind in Bild 8.2 tabellarisch die Qualitätskennwerte der DIN 3960 für das Profil aufgetragen. Für die je sechs gemessenen Flanken sind die Profil-Winkelabweichung $f_{H\alpha}$, die Profilgesamtabweichung F_{α}, und die Profil-Formabweichung $f_{f\alpha}$ dargestellt. Weiterhin ist die mittlere Profil-Winkelabweichung $f_{H\alpha m}$ für alle sechs Messungen einer Flanke angegeben. Für die übrigen Verzahnungskenngrößen wie u. a. die Flanken- und Teilungsabweichungen sind keine signifikanten Unterschiede zwischen den beiden Prozessvarianten festzustellen. Daher wird hier auf die Diskussion dieser Kenngrößen verzichtet.

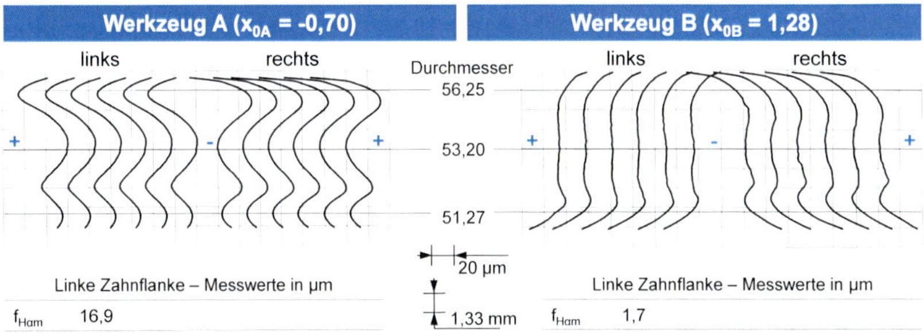

Werkzeug A – Linke Zahnflanke – Messwerte in µm

$f_{H\alpha m}$	16,9					
$f_{H\alpha}$	17,2	17,1	16,7	16,5	16,8	17,3
F_{α}	44,2	44,2	44,2	44,0	43,3	43,7
$f_{f\alpha}$	37,8	37,8	38,0	37,8	37,1	37,3

Werkzeug A – Rechte Zahnflanke – Messwerte in µm

$f_{H\alpha m}$	12,7					
$f_{H\alpha}$	13,9	13,3	12,1	12,3	12,0	12,3
F_{α}	31,1	30,7	30,3	31,7	30,3	30,6
$f_{f\alpha}$	26,7	27,0	27,0	27,4	27,3	27,6

	Zul. Wert	Qual.
$f_{H\alpha}$	±10	8
F_{α}	16	8
$f_{f\alpha}$	12	8

Werkzeug B – Linke Zahnflanke – Messwerte in µm

$f_{H\alpha m}$	1,7					
$f_{H\alpha}$	0,7	0,2	0,9	1,7	5,3	1,4
F_{α}	10,5	10,7	9,7	8,6	9,4	8,3
$f_{f\alpha}$	11,3	10,8	10,6	10,3	10,6	9,7

Werkzeug B – Rechte Zahnflanke – Messwerte in µm

$f_{H\alpha m}$	-6,4					
$f_{H\alpha}$	-6,0	-5,2	-6,7	-7,9	-5,6	-7,3
F_{α}	18,5	18,2	19,6	20,7	19,8	21,0
$f_{f\alpha}$	13,9	13,0	12,9	12,9	14,3	13,6

Bild 8.2: Profilqualität
Profile quality

Mit mittleren Profil-Winkelabweichungen von $f_{H\alpha m,l}$ = 16,9 µm bzw. $f_{H\alpha m,r}$ = 12,7 µm erreicht das Zahnrad der Variante A eine Profilqualität von 10 nach DIN 3962 [DIN78]. Das Zahnrad der Variante B hingegen hat bezüglich der mittleren Profil-Winkelabweichung eine Qualität von 7 nach DIN 3962. Die mittlere Abweichung berücksichtigt allerdings nicht die Varianz in den Profil-Winkelabweichungen, sodass die erreichten Qualitäten etwas schlechter sind. Die Profilgesamtabweichungen bei Prozessvariante A sind mit durchschnittlich $F_{\alpha,l,A}$ = 43,9 µm links bzw. $F_{\alpha,r,A}$ = 30,8 µm rechts deutlich über denen von Prozessvariante B mit durchschnittlich $F_{\alpha,l,B}$ = 9,5 µm links bzw. $F_{\alpha,r,B}$ = 19,6 µm rechts. Damit wird der subjektive Eindruck der geringen

Abweichung im Messschrieb bestätigt. Entsprechend fallen auch die Profil-Formabweichungen für Prozessvariante A größer aus als für Prozessvariante B.

Die großen Unterschiede in der Profilabweichung bei Verwendung der verschiedenen Werkzeugvarianten zeigen, welchen Vorteil eine sorgfältige Auswahl der Werkzeuggeometrie bei der Prozessentwicklung hat. Dies wird insbesondere im Vergleich mit den Ergebnissen aus Bild 2.8 deutlich. Dort wurde eine mit Bild 8.2 vergleichbare Verbesserung der Profilabweichung erreicht, jedoch mit mehrfacher, iterativer Anpassung des Profils des Werkzeugzahns. Je geringer die Abweichungen zu Beginn der Prozessentwicklung sind, desto weniger Iterationsschleifen sind in der Überarbeitung des Werkzeugprofils notwendig. So wird durch eine geeignete Auswahl der Walzwerkzeuggeometrie die Prozessentwicklung deutlich verkürzt.

Neben der Verzahnungsqualität ist bei pulvermetallurgisch hergestellten Verzahnungen auch die Dichteverteilung für das Einsatzverhalten wichtig. **Bild 8.3** zeigt polierte, metallographische Schliffe von Zahnrädern, die mit Werkzeuggeometrie A und mit Werkzeuggeometrie B gewalzt wurden. Hell ist die Stahlmatrix, dunkel sind die Poren zu sehen.

Es wurde eine qualitative Beurteilung der Dichteverteilung vorgenommen: Die strichpunktierte Linie trennt die verdichteten Randbereiche von den Bereichen, die Kerndichte aufweisen. Die Trennlinie hat bei Prozessvariante A auf beiden Flanken eine S-Form. Die größte Verdichtung liegt dabei an der Flankenmitte vor und wird von dort zum Zahnkopf und zum Zahnfuß hin geringer. Bei Prozessvariante B ist der verdichtete Bereich dagegen annähernd gleich breit über der gesamten Zahnhöhe auf beiden Zahnflanken.

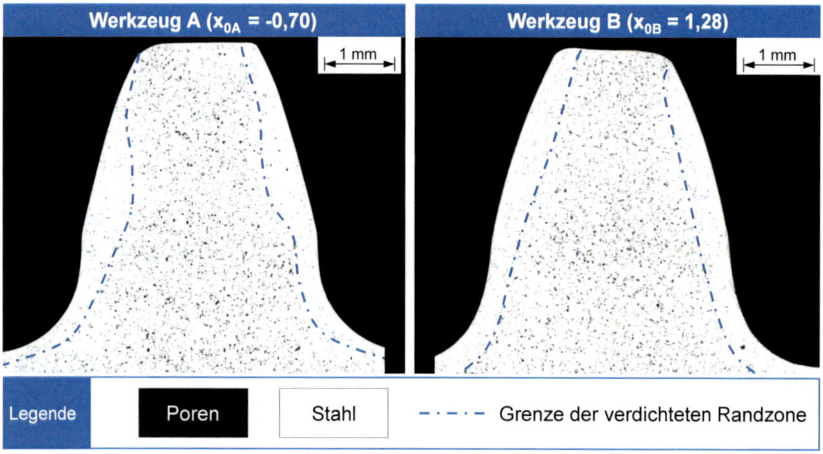

Bild 8.3: Dichteverteilung im Schliffbild

Density distribution in a metallographic cut

In den verdichteten Randbereichen verbleibt eine Restporosität. Größere Poren sind beispielsweise bei dem Zahnrad, das mit Werkzeuggeometrie A gewalzt wurde, auf der Mitte der rechten Flanke, und bei dem Zahnrad, das mit Werkzeuggeometrie B gewalzt wurde, auf der rechten Flanke im Zahnfuß zu sehen. Verbleibende Poren in einer weitestgehend verdichteten Randzone wurden auch bei anderen Dichtwalzprozessen und bei alternativen Verdichtungsprozessen wie dem Fließpressen beobachtet [KAUF13, SIGL07]. Ihre Ursache sind wahrscheinlich große Poren im Grünling. Dieses Problem kann durch eine Optimierung des Pressprozesses ggf. behoben werden, ist jedoch durch den Walzprozess nur bedingt auszugleichen.

Aufgrund der Restporosität ist die qualitative Trennung zwischen verdichteten Rand- und unverdichteten Kernbereichen nicht eineindeutig. Daher wurde die Analyse durch eine quantitative Bildanalyse unterstützt, vgl. **Bild 8.4**. Bei der quantitativen Bildanalyse wurde das Schliffbild in mehreren Schritten vereinfacht. Zunächst wurde das Schliffbild in ein Schwarz-Weiß-Bild überführt. Anschließend wurde die Kontur des Zahnes ermittelt, um den Auswertebereich zu identifizieren. Danach wurde der Auswertebereich in quadratische Teilbereiche mit einer Kantenlänge von 250 µm unterteilt. In diesen Teilbereichen wurden die Anzahl der weißen Pixel ermittelt und durch die Gesamtanzahl der Pixel in den Bereichen geteilt. Daraus ergab sich die relative Dichte in diesen Bereichen. Durch die Kombination der Teilbereiche mit der Information der Zahnkontur wurde die gesamte Fläche des Zahns ausgewertet.

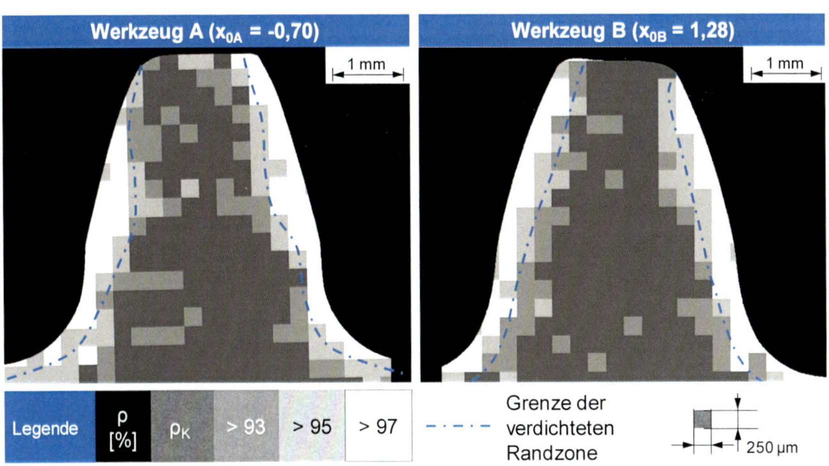

Bild 8.4: Dichteverteilung mittels quantitativer Bildanalyse
Density distribution by means of quantitative picture analysis

Die quantitative Bildanalyse stützt die Grenze der verdichteten Randzone, die zuvor qualitativ ermittelt wurde. Sie zeigt jedoch auch das grundlegende Problem bei der Analyse der Dichteverteilung: Durch inhomogene Verteilung der Poren im Kerngefüge liegt bereits eine nicht zu vernachlässigende Streuung der Verdichtung vor. Die

Auswertung wird umso gleichmäßiger, je größer die Auswertebereiche sind, da dadurch die statistische Verteilung der Poren ausgeglichen wird. Jedoch wird dann die Informationsdichte stark reduziert. Mit der Kantenlänge von 250 µm wurde hier ein üblicher Kompromiss gewählt [KAUF13].

Die Profilabweichung und die Trennlinie der verdichteten Randbereiche zeigen für Prozessvariante A jeweils eine S-Form: In der Mitte der Flanke des Zahnrads, das mit Werkzeug A gewalzt wurde, ist die Verdichtung am höchsten und die Profilabweichung negativ. Am Zahnkopf dieses Zahnrads ist die Verdichtung sehr gering und die Profilabweichung sehr groß. Dieser Effekt ist bei Verdichtung und Profilabweichung auf der linken Zahnflanke stärker ausgeprägt als auf der rechten. Bei dem Zahnrad, das mit Werkzeuggeometrie B gewalzt wurde, zeigen Verdichtung und Profilabweichungen im Vergleich zu Prozessvariante A nur geringe Unterschiede in der Zahnhöhe. Aufgrund der ähnlichen Verteilungen bezüglich Verdichtung und Profilabweichungen bei beiden Prozessvarianten und der Tatsache, dass Bereiche geringer Verdichtung einen Materialüberschuss in Form einer positiven Profilabweichung vorweisen, liegt die Schlussfolgerung nahe, dass nicht das gesamte Aufmaß verdichtet wurde.

Um die unterschiedliche Verdichtungstiefe über der Zahnhöhe von Variante A und B besser zu verstehen, wird der Vergleich der Kontaktbedingungen herangezogen. **Bild 8.5** zeigt die Kontaktbedingungen von den Werkzeugen mit der Zielgeometrie des Werkstücks bei Endachsabstand.

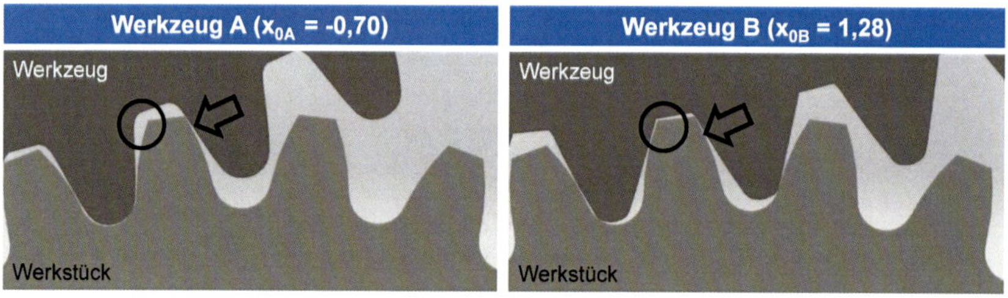

Bild 8.5: Vergleich der Kontaktbedingungen der Prozessvarianten
Comparison of contact conditions of process variants

Bei beiden Prozessvarianten liegt an der rechten Werkstückflanke Kontakt mit dem Werkzeug vor. Auf der gegenüberliegenden Seite der Werkzeuglücke existiert ein großer Freiraum bei Verwendung von Werkzeug A. Bei Verwendung von Werkzeug B wird der Werkstückkopf auf der linken Flanke durch den Werkzeugfuß abgestützt. Dadurch wird die elastische Biegung des Zahnes verhindert. Durch die fehlende Abstützung und damit durch die elastische Biegung des Zahnes bei Prozessvariante A wird das effektive Aufmaß verringert und somit weniger Material verdichtet. Dies kann eine Erklärung für die unterschiedlichen Verdichtungen und Profilabweichungen sein. KAUFFMANN ermittelt für Zahnräder dieser Größenordnung eine Biegung des Zahnes aufgrund der Zahnnormalkraft beim Dichtwalzen von w = 8 - 18 µm

[KAUF13]. Dadurch wird das lokale Aufmaß in einer Überrollung erheblich reduziert. Daher ist anzunehmen, dass die gleichmäßigere Verdichtung der Prozessvariante B gegenüber Prozessvariante A auf die Abstützung des rechten Werkstückkopfs zurückzuführen ist. Dieser Einfluss wird in den Vorhersagemodellen nicht berücksichtigt. Der Einfluss der elastischen Kontaktbedingungen auf den Materialfluss beim Dichtwalzen bietet weiteres Forschungspotenzial. Da zur Validierung der Modelle die Verdichtung im oberflächennahen Bereich ausgewertet wird, können die Ergebnisse der Versuche trotzdem verwendet werden.

Ein weiteres Qualitätsmerkmal ist die Integrität, also die Unversehrtheit, der Oberfläche. Rauheit, Oberflächenstruktur und Gefügedeformation dienten der Analyse der Oberflächenintegrität. Es wurden mittels Tastschnittgerät taktil erfasste Rauheitsmessschriebe herangezogen. Da für die Zahnräder Rauheitswerte im Bereich von bzw. 0,5 µm < R_z < 10 µm erwartet wurden, wurde eine Länge von 4 mm in fünf Einzelmessstrecken gemessen. An Zahnrädern beider Prozessvarianten wurden am Zahnkopf, in der Mitte der Zahnflanke und am Zahnfuß in Flankenrichtung Rauheitsmessungen durchgeführt. **Bild 8.6** zeigt die Messschriebe für die linke Flanke. Rechts im Bild sind weiterhin die Rauheitswerte R_a und R_z für beide Flanken und beide Varianten tabellarisch dargestellt.

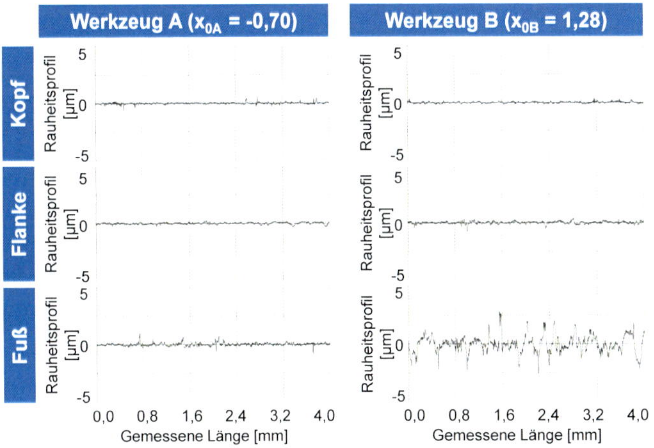

R_z [µm]		A	B
Kopf	LF	0,62	0,47
	RF	0,56	0,49
Flanke	LF	0,43	0,76
	RF	0,39	1,16
Fuß	LF	1,06	4,17
	RF	4,35	3,78

R_a [µm]		A	B
Kopf	LF	0,05	0,05
	RF	0,04	0,05
Flanke	LF	0,06	0,08
	RF	0,05	0,13
Fuß	LF	0,09	0,57
	RF	0,62	0,53

Bild 8.6: Rauheitsmessschriebe an Zahnkopf, Zahnflanke und Zahnfuß
Roughness measurements at tooth tip, tooth flank and tooth root

Für beide Prozessvarianten wurden am Zahnkopf und auf der Zahnflanke sehr niedrige Rauheiten gemessen. Das Zahnrad der Prozessvariante A weist am linken Zahnkopf eine gemittelte Rautiefe von R_z = 0,62 µm und auf der linken Zahnflanke von R_z = 0,43 µm auf. Die Werte auf der rechten Flanke sind vergleichbar. Im Zahnfuß ist die Rauheit mit R_z = 1,06 µm auf der linken Flanke gegenüber der Mitte der

Zahnflanke etwas erhöht. Auf der rechten Flanke hingegen fallen die Werte deutlich höher aus mit R_z = 4,35 µm.

Bei dem Zahnrad der Prozessvariante B liegen die Rauheitswerte am Kopf mit R_z = 0,47 µm auf der linken Flanke niedriger und auf der Mitte der Zahnflanke mit R_z = 0,76 µm auf der linken Flanke höher als bei Prozessvariante A. Die Rauheit am Zahnfuß ist bei Prozessvariante B auf beiden Seiten gegenüber dem Zahnkopf und der Zahnflanke deutlich erhöht, wobei hier die Rauheit auf der linken Flanke mit R_z = 4,17 µm signifikant höher ist als auf der rechten Flanke mit R_z = 3,78 µm.

Eine unterschiedliche Ausprägung der Rauheit auf der Zahnhöhe war aufgrund der Schlupfverteilung über der Zahnhöhe für beide Prozessvarianten zu erwarten. Wie unterschiedlich diese Oberflächenstruktur über der Zahnhöhe ist, wurde anhand von REM-Aufnahmen nachvollzogen. **Bild 8.7** zeigt REM-Aufnahmen der rechten und linken Zahnflanke von einem Zahnrad der Prozessvariante A. Die REM-Aufnahmen resultieren aus der Erfassung von Sekundärelektronen, die beim Abrastern der Probe mit einem Elektronenstrahl freigesetzt werden. Unten in Bild 8.7 sind zur Orientierung der Fußkreis- d_f, der Fußformkreis- d_{Ff}, der Wälzkreis- d_W, der Teilkreis- d und der Kopfkreisdurchmesser d_a aufgetragen.

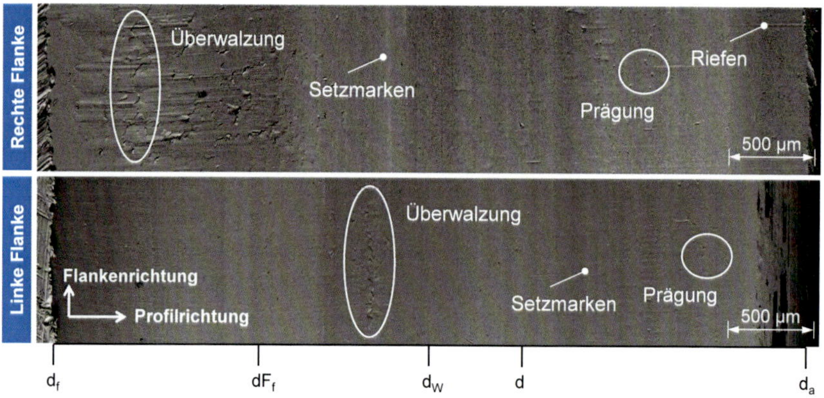

Bild 8.7: REM-Aufnahmen der Zahnoberfläche – Prozessvariante A
SEM images of the tooth surface – process variant A

Auf der rechten Flanke ist die Oberfläche im Zahnfußbereich stark strukturiert. Oberhalb des Fußformkreises liegt hingegen eine ebenmäßige Oberfläche vor, insbesondere im Bereich des Wälzkreises. Oberhalb des Teilkreises sind einige Riefen in Profilrichtung sowie kleinflächige Unebenheiten zu sehen. Weiterhin sind Setzmarken der Walzwerkzeuge in Flankenrichtung zu erkennen. Auf der linken Zahnflanke ist der Zahnfuß kaum strukturiert. Hier sind jedoch auch Setzmarken und Überwalzungen in Flankenrichtung über der gesamten Zahnflanke und Riefen in Profilrichtung zu sehen.

Die starke Strukturierung des Zahnfußes sowie das Auftreten von Setzmarken und Riefen ist bereits von KAUFFMANN beobachtet worden. Die kleinflächigen Unebenheiten traten auch bei den Untersuchungen von KAUFFMANN auf. Ursache hierfür sind Partikel, die mit in den Walzspalt gezogen wurden und nur lokal in Kontakt kamen, sodass keine Riefen, sondern kleinflächige Unebenheiten entstanden sind. Daher werden diese im Folgenden Prägung genannt.

Bild 8.8 zeigt die REM-Aufnahmen der Prozessvariante B mit der gleichen Bildaufteilung wie in Bild 8.7. Der Wälzkreis ist durch die geänderte Profilverschiebung des Walzwerkzeugs verschoben und liegt hier oberhalb des Teilkreises. Bei Prozessvariante B sind auf beiden Zahnflanken der Zahnfuß und ein Bereich oberhalb des Fußformkreises stark strukturiert. Dabei fällt die unterschiedliche Strukturierung auf: Auf der linken Flanke sind starke Riefen in Profilrichtung zu erkennen, sowie Überwalzungen in Flankenrichtung. Die Strukturierung in Profilrichtung ist auf der rechten Flanke deutlich geringer ausgeprägt, die in Flankenrichtung jedoch stärker als auf der linken Flanke. Die Strukturierung beider Flanken ist deutlich stärker ausgeprägt als bei Prozessvariante A. Oberhalb des Teilkreises, in der Nähe des Wälzkreises, ist die Oberfläche nur wenig strukturiert, aber auch hier sind Setzmarken der Werkzeuge in Flankenrichtung, Prägungen sowie feine Riefen in Profilrichtung zu erkennen.

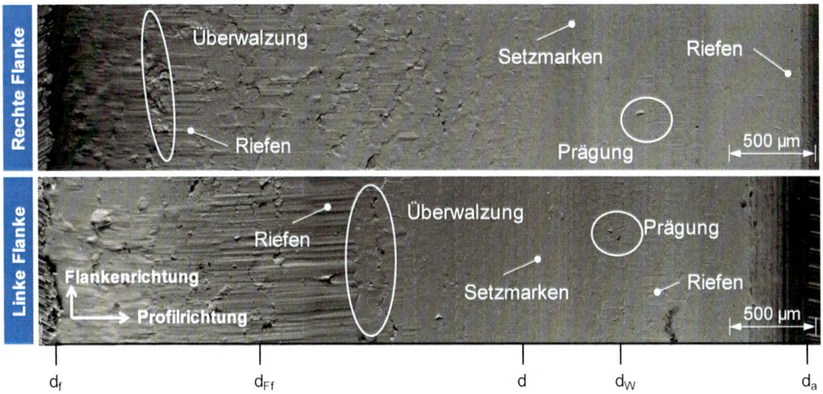

Bild 8.8: REM-Aufnahme der Zahnoberfläche – Prozessvariante B
SEM-Image of tooth surface – process variant B

Bei beiden Varianten fallen Prägungen, Riefen und Setzmarken auf, die prozesstypisch sind. Der Zahnfußbereich ist bei Prozessvariante A weniger, nur auf einer Flanke und nur in einem kleinen Bereich stark strukturiert. Hierauf wird am Ende dieses Kapitels näher eingegangen. Im Bereich des jeweiligen Wälzkreises ist die Strukturierung bei beiden Varianten sehr gering. Die REM-Aufnahmen und die Rauheitsmessungen zeigen, dass Prozessvariante B im Vergleich zu Prozessvariante A eine deutlich stärkere Deformation der Oberfläche herbeiführt. Aufgrund der geringeren Oberflächenstrukturierung ist Prozessvariante A der Variante B vorzuziehen. Da Prozessvariante B jedoch zu besseren Ergebnissen bezüglich der Profilabweichung und zu einer gleichmäßigeren Verdichtungstiefe gegenüber Prozessvariante A führt, liegt hier ein Zielkonflikt vor.

Im Folgenden wird beschrieben, wie tief die Oberflächendeformation vorliegt. Dazu zeigt **Bild 8.9** die Gefügedeformation für Prozessvariante A im Schliffbild. Hierfür wurden die metallographischen Schliffe Nital-geätzt, um die Gefügestruktur sichtbar zu machen. Die Ferritkörner treten hell hervor, die Perlitkörner dunkel. Poren werden weiterhin schwarz abgebildet. Verschiedene Bereiche sind im Detailausschnitt hervorgehoben. Die Gefügeaufnahmen geben zusätzlich zu den Informationen der Zahnoberfläche in Form der REM-Aufnahmen und Rauheitsmessschriebe eine Information über den Tiefenverlauf.

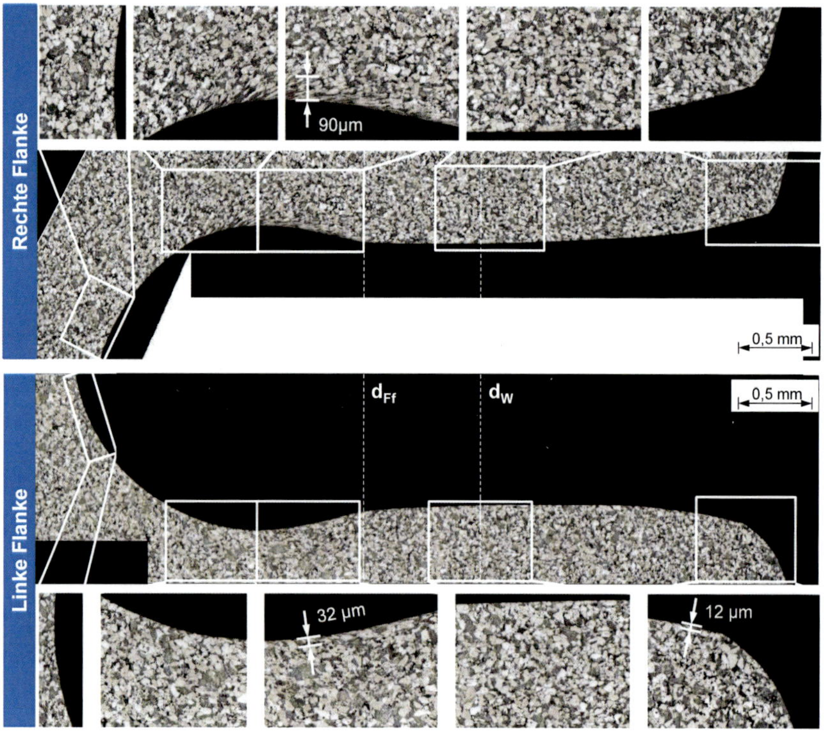

Bild 8.9: Gefügedeformation im Schliffbild – Prozessvariante A

Microstructural deformation in a metallographic cut – proc. variant A

Auf der rechten Zahnflanke ist am Zahnkopf kein deutlicher Unterschied in der Gefügestruktur im Randbereich und im Kern zu erkennen. Der Zahnkopf ist daher nicht stark tangential zur Oberfläche umgeformt. Dies gilt ebenso für den Bereich des Wälzkreises. Unterhalb des Fußformkreises ist das Gefüge im Gegensatz zu den vorherigen Detailbildern stark in Richtung des Fußkreises deformiert. Die Deformation ist nur oberflächennah mit einer maximalen Tiefe von Δt = 90 µm eindeutig festzustellen. Am Fußkreis ist das Gefüge nicht tangential zur Oberfläche deformiert.

Auf der linken Flanke ist das Gefüge am Zahnkopf auf nur wenigen Mikrometern Tiefe tangential deformiert, auf der Höhe des Wälzkreises jedoch nicht. Unterhalb des Wälzkreises liegt eine starke tangentiale Deformation vor, jedoch mit einer deutlich geringeren Tiefe von ca. Δt = 32 µm. Unterhalb dieses Bereichs ist das Gefüge nicht tangential zur Oberfläche deformiert.

Bild 8.10 zeigt die Gefügedeformation im Schliffbild für Prozessvariante B. Der Zahnkopf der rechten Flanke und der Bereich am Wälzkreis sind nicht tangential deformiert. Unterhalb des Fußformkreises ist auch bei Prozessvariante B die Deformation tangential zur Oberfläche am stärksten ausgeprägt. Ähnlich wie bei Prozessvariante A reicht die Deformation auf der rechten Flanke ca. Δt = 90 µm tief. Am Zahnfuß zeigt das Gefüge keine Deformation tangential zur Oberfläche.

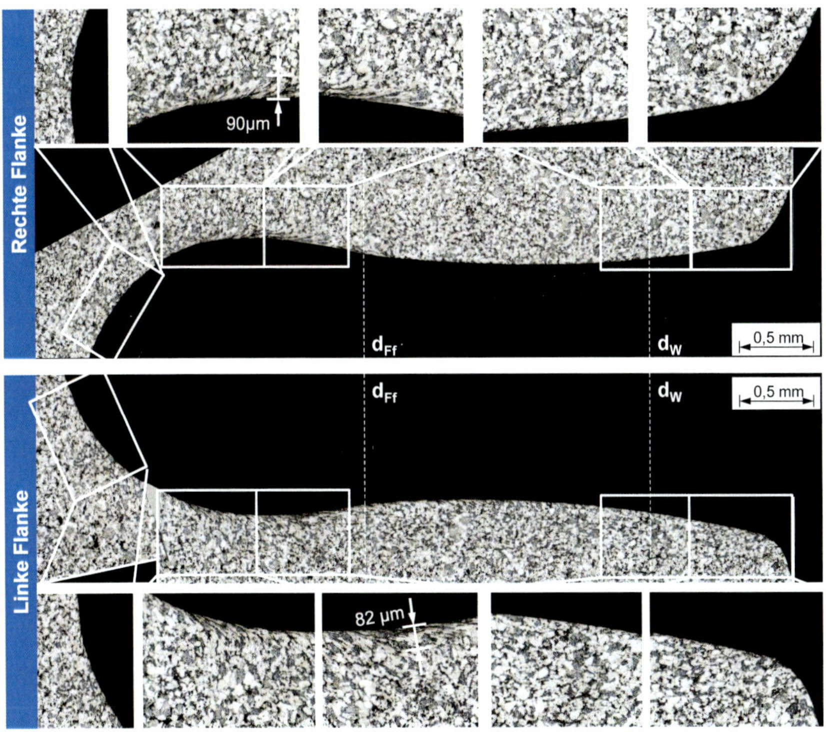

Bild 8.10: Gefügedeformation im Schliffbild – Prozessvariante B

Microstructural deformation in a metallographic cut – proc. variant B

Auf der linken Flanke ist das Gefüge am Zahnkopf nicht eindeutig tangential deformiert, auch auf der Höhe des Wälzkreises ist keine Deformation mehr festzustellen.

Die stärkste Deformation liegt wie auf der rechten Zahnflanke unterhalb des Fußformkreises. Allerdings hat die Deformation bei Prozessvariante B auch auf der linken Flanke eine ungefähre Tiefe von Δt = 82 µm. Das Gefüge in Nähe des Zahnfußkreises ist nicht tangential zur Oberfläche deformiert.

Die Deformation der Oberfläche, die in Bild 8.9 und in Bild 8.10 zu erkennen ist, zeigt Auswirkungen der Deformation in der Tiefe. Daher ist die Frage, ob durch die starke Deformation Fehlstellen geschaffen werden. Um dies zu beantworten, sind in **Bild 8.11** und **Bild 8.12** die stark deformierten Bereiche unterhalb des Fußkreisdurchmessers vergrößert dargestellt und durch Gefügeschliffe ergänzt, die nicht geätzt sind. Das ermöglicht eine erweiterte Bewertung der Deformation auf die Erzeugung von Fehlstellen.

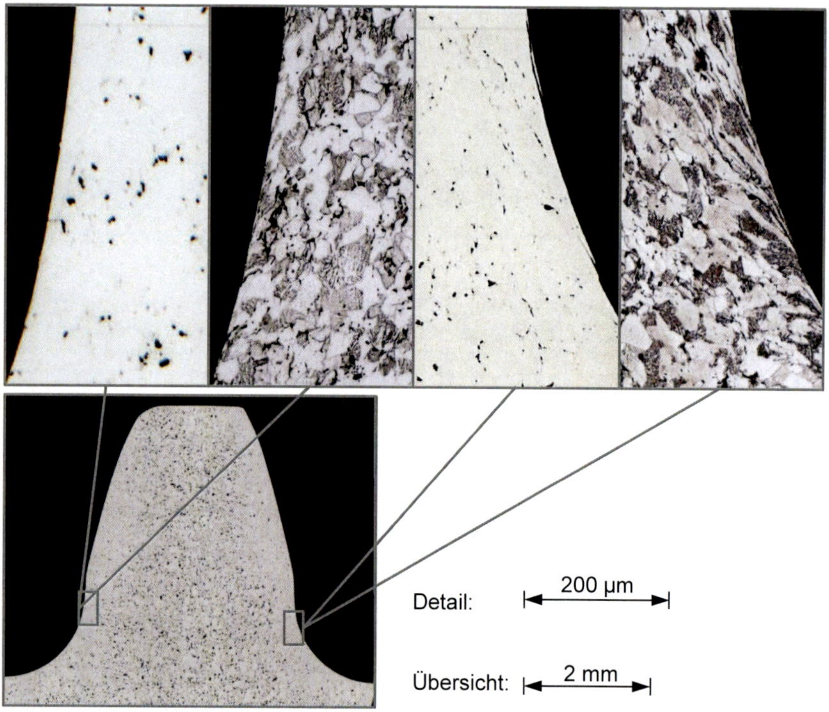

Bild 8.11: Gefügedeformation des Zahnfußes im Schliffbild – Prozessvariante A
Microstructural deformation of tooth root in a metallographic cut – process variant A

Auf der linken Flanke der Prozessvariante A ist das Gefüge nur in einem sehr geringen Bereich der Oberfläche deformiert, vgl. Bild 8.11. Im polierten Gefügeschliff ist die Deformation nicht zu erkennen. Deutlich sichtbar sind nur die verbliebenen Poren. Auf der rechten Flanke von dieser Prozessvariante ist das oberflächennahe Gefüge stark deformiert. Dies ist schwach auch im polierten Gefügeschliff sichtbar: Zwischen dem deformierten Gefüge befinden sich langgestreckte Poren unter der Oberfläche. Teilweise haben diese Schuppen eine Verbindung zur Oberfläche. Diese Ausprägungen der Deformation der Oberfläche sind Überwalzungen.

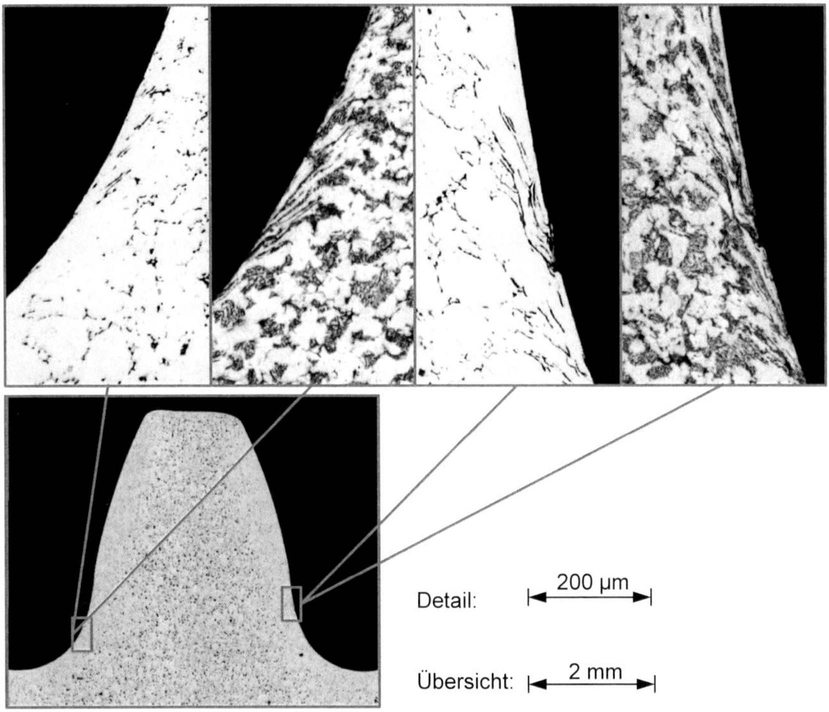

Bild 8.12: Gefügedeformation des Zahnfußes im Schliffbild – Prozessvariante B

Microstructural deformation of tooth root in a metallographic cut – process variant B

Auf der linken Flanke von Prozessvariante B liegt eine starke Deformation der Oberfläche vor, vgl. Bild 8.12. Die Materialschuppen sind hier getrennt, sodass sie im polierten, ungeätzten Gefügeschliff zu sehen sind. Besonders stark ausgeprägt ist diese Deformation jedoch an der rechten Flanke des Zahnrads.

Alle Mittel zur Analyse der Oberflächenintegrität – die Erfassung der Rauheit, der Oberflächen- sowie der Gefügestruktur und die Porenverteilung – zeigen für die rechte Flanke von Prozessvariante A eine stärkere Beeinträchtigung als für die linke Flanke. Auffällig ist dabei die unterschiedliche Deformationstiefe in den Gefügeschliffen. Dieser Unterschied zeigt, dass die Gefügedeformation dann anhand von Rauheitsmessungen oder Oberflächenuntersuchungen festzustellen ist, wenn die Ausprägung nicht nur oberflächennah ist. Der Vergleich der Gefügebeeinträchtigung mit der Porenverteilung zeigt jedoch, dass die unterschiedliche Gefügebeeinträchtigung auf eine unterschiedliche Verdichtung und damit das verbleibende Verdichtungspotenzial zurückzuführen ist. Die Ursache der unterschiedlichen Verdichtung kann nicht abschließend geklärt werden. Fertigungsabweichungen bei der Walzrohling- oder der Werkzeuggeometrie wurden durch taktile Erfassung der Geometrie ausgeschlossen. Ein möglicher Erklärungsansatz sind die unterschiedlichen elastischen Kontaktbedingungen, da während der Zustellung das Walzmoment über die rechte Flanke übertragen wird.

Durch eine Änderung der Werkzeuggeometrie durch den Profilverschiebungsfaktor wird das Prozessergebnis umfangreich geändert: Durch die starke Erhöhung des Profilverschiebungsfaktors von x_{0A} = -0,70 auf x_{0B} = 1,28 wurde eine bessere Profilqualität und eine gleichmäßige Verdichtung der Oberfläche erreicht. Jedoch wurde die Oberfläche durch diese Erhöhung stärker deformiert als bei dem Werkzeug mit einem stark negativen Profilverschiebungsfaktor von x_{0A} = -0,70. Damit wurden die Annahmen, die in Kapitel 7.1, basierend auf der Betrachtung der Werkzeuggeometrie und der Lage der Wälzkreise, getroffen wurden, bestätigt. Weiterhin liegt bei dem Profilverschiebungsfaktor des Werkzeugs ein Zielkonflikt von Oberflächenintegrität und Verdichtung sowie Profilqualität vor.

8.2 Validierung der Vorhersagemodelle

Validation of the Prediction Models

Die Versuchsergebnisse werden an dieser Stelle genutzt, um die Vorhersagemodelle zu validieren. Dazu werden für beide Prozessvarianten an mehreren Positionen die Resultate der Vorhersagemodelle mit den experimentellen Ergebnissen des Dichtwalzprozesses verglichen.

8.2.1 Vorhersagemodell für den normalen Materialfluss

Prediction Model for the Normal Material Flow

Das Vorhersagemodell für den normalen Materialfluss wurde an verschiedenen Bereichen von Zahnrädern der beiden Prozessvarianten validiert. **Bild 8.13** zeigt polierte metallographische Schliffe von Zahnflanke, Fußformkreis und Zahnfuß der Prozessvariante A. Im Abstand von Δt = 0,1 mm zur Oberfläche markiert die gestrichelte Linie die Grenze der oberflächennahen Randzone, die durch das Vorhersagemodell für den normalen Materialfluss abgebildet wird. Die Δt = 0,1 mm breite Randzone wurde in Segmenten von ungefähr 0,7 mm Kantenlänge durch quantitative Bildanalyse wie in Kapitel 8.1 beschrieben, ausgewertet, vgl. auch Bild 8.4. Die Auswertung der Bildanalyse für die relative Dichte in diesem Bereich und die Vorhersage des Modells für den normalen Materialfluss sind in Bild 8.13 bei den jeweiligen Ausschnitten angegeben.

An der Zahnflanke ist die Oberfläche mit einer Randdichte von $\rho_{\Delta t,Exp.}$ = 99,4 % sehr gut verdichtet. Durch das Vorhersagemodell wird eine Randdichte von $\rho_{\Delta t,Modell}$ = 100 % ermittelt. Die Vorhersage und das Resultat stimmen also sehr gut überein. In der Randzone verbleiben jedoch sehr kleinen Poren, woraus die geringe Differenz von Vorhersage und Auswertung der Dichte resultiert. Am Fußformkreis ist der Unterschied zwischen Modell und Bildanalyse etwas größer. Auch hier verbleiben sehr kleine Poren in der Randzone. Zusätzlich führen die Überwalzungen, die im Bildausschnitt markiert sind, zu einem geringeren Wert der Dichte in der Bildanalyse. Am Zahnfuß wird durch das Vorhersagemodell eine Randdichte von $\rho_{\Delta t,Modell}$ = 99,3 % ermittelt. In der Randzone im Zahnfuß sind mehrere verbleibende Poren zu sehen und daher ist auch die Auswertung der Dichte in diesem Bereich deutlich geringer als auf der Flanke. Die unterschiedliche Verdichtung von Flanke und Zahnfuß wird daher gut wiedergegeben.

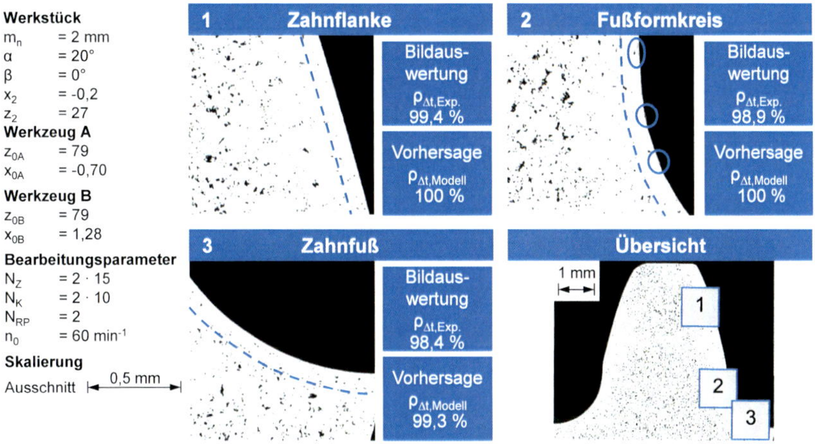

Bild 8.13: Verdichtung der Randzone der Prozessvariante A

Densification of surface of process variant A

In **Bild 8.14** ist der Vergleich von Vorhersage und Experiment für Prozessvariante B dargestellt. Auch hier ist die Randzone an der Zahnflanke gut verdichtet. Die sehr kleinen, verbleibenden Poren führen zu einem Wert der Dichte in der Bildanalyse, der geringer als die Vorhersage ist. Am Fußformkreis ist das Gefüge stark deformiert und es treten im gesamten Randbereich Überwalzungen auf. Dadurch ist an dieser Stelle die Auswertung der Bildanalyse mit $\rho_{\Delta t,Exp.}$ = 97,3 % sehr gering, obwohl die Randzone gut verdichtet ist. Der Vergleich des Ergebnisses der Bildanalyse mit der optischen Beurteilung der Randzone zeigt die Grenzen der digitalen Bildanalyse auf.

Wie bei Prozessvariante A ist bei Prozessvariante B die Dichte im Zahnfuß gegenüber der Zahnflanke reduziert. Dies wird durch das Modell wieder gegeben. Die Differenz der Verdichtung im Zahnfuß von Vorhersage und Modell ist bei Prozessvariante A und B fast identisch, sodass auch die Tendenzen, die in den Bildausschnitten zu sehen sind, richtig wieder gegeben werden. Die Übertragbarkeit des Vorhersagemodells auf den Fall des Dichtwalzens von PM-Zahnrädern wird damit bestätigt.

Um eine weitere Steigerung der Vorhersagegenauigkeit zu erreichen, sind die Unterschiede der Vorhersage und der experimentellen Ergebnisse näher zu untersuchen. **Bild 8.15** zeigt eine Detailaufnahme des ungeätzten Gefügeschliffes von Prozessvariante B. Links ist das unverdichtete Kerngefüge zu sehen und rechts die verdichtete Randzone. Das Kerngefüge zeigt eine statistische Verteilung kleiner, mittlerer und großer Poren. In dem Ausschnitt sind die ehemaligen wasserverdüsten Pulverpartikel in Form von volldichten Bereichen sichtbar. Zwischen den Partikeln sind Bereiche sehr kleiner Poren zu sehen.

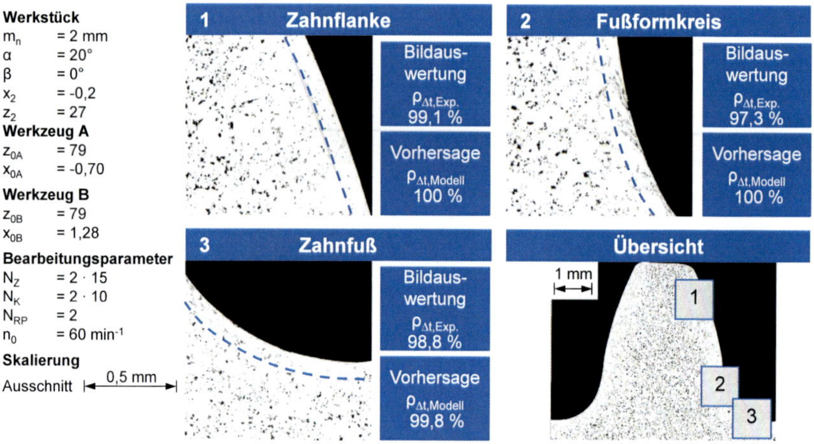

Bild 8.14: Verdichtung der Randzone der Prozessvariante B

Densification of surface of process variant B

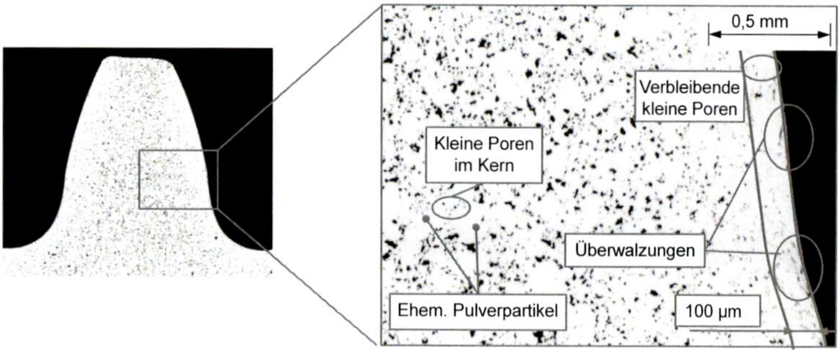

Bild 8.15: Porenform, -größe und -verteilung bei Prozessvariante B

Pore form, size and distribution for process variant B

In der verdichteten Randzone liegen ebenfalls größere, mittlere und kleine Poren vor. Weiterhin sind die Überwalzungen zu erkennen. Die Überwalzungen und die verbleibende Restporosität führen zu den reduzierten Werten für die Randdichte. In der Simulation wird bei den meisten Modellen von einem homogenen Verdichtungspotenzial ausgegangen. Die Porenmorphologie und die Verteilung, die bei den Walzrohlingen inhomogen sind, werden nicht berücksichtigt. Die geringen Abweichungen von Vorhersage und experimentellen Ergebnissen sind hierauf zurückzuführen. Mit einer geringeren Abstraktion in der Modellierung können diese Abweichungen reduziert werden. Durch eine genaue Erfassung der Porosität vor dem Verdichten und die Abbildung von Porenmorphologie und -verteilung in dem Simulationsmodell können deren Einflüsse auf das Verdichtungsverhalten berücksichtigt werden. Die Kombination aus Erfassung der Porenverteilung und -form mit der Berücksichtigung der elastischen Eingriffsverhältnisse beim Dichtwalzen spannt ein neues Forschungsfeld auf.

Das Vorhersagemodell für den normalen Materialfluss bietet die Möglichkeit, die Verdichtung der Randzone von PM-Zahnrädern beim Dichtwalzen für unterschiedliche Prozessauslegungen zu vergleichen. Um die geringen Abweichungen von Modell und Experiment weiter zu reduzieren, können ergänzende Untersuchungen durchgeführt werden, bei denen die inhomogene Porenverteilung nach dem Pressen und Sintern berücksichtigt wird.

8.2.2 Vorhersagemodell für den tangentialen Materialfluss

Prediction Model for the Tangential Material Flow

Für das Vorhersagemodell für den tangentialen Materialfluss wurde die *Gefügeausrichtung* ε_G mit der Vorhersage des *Fließwinkels* ε verglichen. **Bild 8.16** zeigt Nital-geätzte metallographische Schliffe von Zahnflanke, Fußformkreis und Zahnfuß der Prozessvariante A sowie den vorhergesagten Fließwinkel.

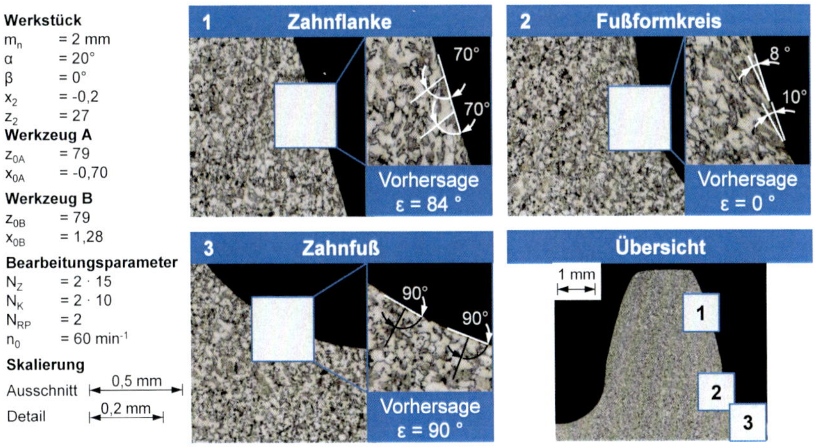

Bild 8.16: Gefügedeformation der Prozessvariante A

Microstructural deformation of process variant A

Die metallographischen Schliffe sind geätzt, sodass die Gefügestruktur inklusive der oberflächennahen Gefügedeformation sichtbar wird. An der Zahnflanke (Ausschnitt

1) ist das Gefüge nur leicht deformiert. An mehreren Stellen ist eine Gefügeausrichtung von ca. ε_G = 70 ° festzustellen, die im Detail an zwei Stellen markiert ist. In diesem Bereich der Zahnflanke wird durch das Vorhersagemodell für den Fließwinkel ein Wert von ε = 84 ° ermittelt. Am Fußformkreis (Ausschnitt 2) ist das Gefüge deutlich stärker deformiert, vgl. auch Bild 8.9. Die Deformation reicht tief in das Material hinein und die Gefügeausrichtung verläuft mit Winkeln von ε_G = 8 - 10 °nahezu parallel zur Oberfläche. Für diesen Bereich ist ein Fließwinkel von ε = 0 ° vorhergesagt. Für den Zahnfußbereich unterhalb des Fußformkreises ist die Vorhersage des Fließwinkels wieder im Bereich von ε = 90 °, d. h., es wird kein tangentialer Materialfluss vorhergesagt. Dies stimmt mit dem Gefügeschliff überein, der in der Zahnfußausrundung keine tangentiale Deformation des Gefüges aufzeigt und somit eine Gefügeausrichtung von ca. ε_G = 90 ° aufweist.

In **Bild 8.17** ist der Vergleich von Vorhersage und Experiment für Prozessvariante B dargestellt. An der Zahnflanke ist das Gefüge hier nicht tangential verformt. Dies entspricht dem Vorhersagemodell, das mit ε = 90 ° keinen tangentialen Materialfluss ermittelt. Das Gleiche gilt, wie bei Prozessvariante A, auch für den Zahnfuß. Am Fußformkreis ist das Gefüge sehr stark verformt. Hier liegen Gefügeausrichtungen von einem Winkel von ca. ε_G = 6 ° vor. Die Vorhersage ergibt einen Fließwinkel von ε = 0 °.

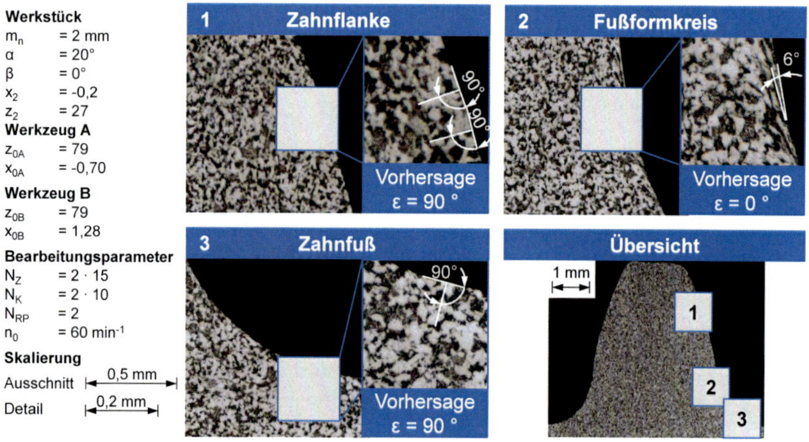

Bild 8.17: Gefügedeformation der Prozessvariante B

Microstructural deformation of process variant B

Die Winkel der Gefügeausrichtung und die durch das Vorhersagemodell berechneten Fließwinkel stimmen gut überein. Damit kann die Übertragbarkeit der aus den Analogieprozessen abgeleiteten Vorhersagemodelle auf das Dichtwalzen von Zahnrädern bestätigt werden.

Die REM-Aufnahmen in Bild 8.7 und Bild 8.8 sowie die Gefügeschliffe in Bild 8.9 und Bild 8.10 zeigen jeweils ein Minimum tangentialer Deformation der Oberfläche auf Höhe des jeweiligen Wälzkreises d_W der beiden Prozessvarianten. Dies ist in **Bild 8.18** noch einmal hervorgehoben. Der Wälzkreis zeichnet sich dadurch aus, dass an diesem Durchmesser der Schlupf zu null wird. Der Schlupf wird in der Vorhersage berücksichtigt. Allerdings führt ein Schlupf von null nicht zwangsläufig zu einem *Fließwinkel* am Wälzkreis von $\varepsilon = 90\,°$. Jedoch ist dies auch nicht die Beobachtung in der Simulation: Dort liegt bei verschiedenen Simulationen ein *Fließwinkel* von unter $\varepsilon < 90\,°$ vor, auch wenn der Schlupf null ist. Demnach wurde diese Abweichung bei der Abstraktion vom Zahnrad auf den Zylinder gesucht.

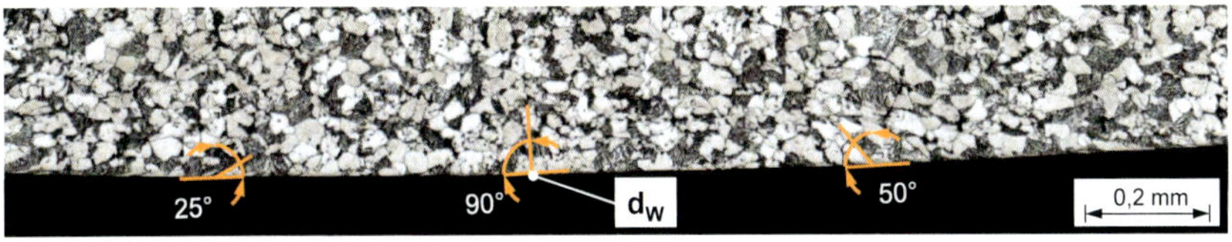

Bild 8.18: Gefügedeformation der Prozessvariante A in Nähe des Wälzkreises
Microstructural deformation of process variant A near the rolling circle

Ein Schlupf von null wurde in der Simulation des Zylinderwalzens durch die Relativbewegung des Werkzeugmittelpunkts zur Werkstückoberfläche sowie die Rotation des Werkzeugs um seinen Mittelpunkt realisiert. Demnach liegt unabhängig vom Schlupf beim Zylinderwalzen immer ein Verdrängen des Materials aus dem Walzspalt entgegen der Drehrichtung des Werkstücks vor. Dies gilt genauso für das experimentelle Zylinderwalzen. Beim Zahnradwalzen ändert sich zusätzlich zum Vorzeichen des Schlupfes am Wälzkreis auch die Richtung, in die Material aus dem Walzspalt verdrängt wird. Durch diesen Wechsel wird das Aufmaß am Wälzkreis weder zum Zahnkopf noch zum Zahnfuß verdrängt. Dementsprechend ist die Gefügeausrichtung $\varepsilon_G = 90\,°$. Die Besonderheit des Wälzkreises beim Zahnradwalzen wird durch die Analogie nicht wiedergegeben.

Um das Minimum tangentialer Deformation am Wälzkreis in der Vorhersage abzubilden und das Modell dahin gehend zu erweitern, sind ergänzende Untersuchungen notwendig. Mittels einer Simulation des Dichtwalzprozesses an Zahnrädern ist der lokale Materialfluss an verschiedenen Durchmessern zu analysieren. Durch eine Verknüpfung der geometrieabhängigen Simulation des Dichtwalzens von Zahnrädern und den hier vorgestellten Modellen kann der Einfluss der Walzspaltausrichtung geometrieunabhängig berücksichtigt werden, wodurch die Abbildungsgenauigkeit des Vorhersagemodells weiter gesteigert wird.

Unabhängig von diesem Phänomen kann das Vorhersagemodell für den tangentialen Materialfluss zur Bewertung der Prozessauslegungen für das Dichtwalzen von PM-Zahnrädern verwendet werden.

8.3 Fazit

Conclusion

Die experimentelle Untersuchung der beiden Prozessvarianten zeigt den erheblichen Einfluss der Werkzeuggeometrie auf die Prozessergebnisse. Durch die starke Erhöhung der Werkzeugprofilverschiebung bei Prozessvariante B wurde die Profillinienabweichung, die bei Prozessvariante A S-förmig mit einer Profilqualität von 11 nach DIN 3962 vorlag, so stark reduziert, dass ohne Profilmodifikation des Werkzeugs eine Profilqualität von 9 nach DIN 3962 erreicht wurde. Dies ist eine Qualität, die sonst nur mit mehrfacher Profilmodifikation des Werkzeugs erzielt wird. Weiterhin wirkt sich die geänderte Werkzeuggeometrie auf die Verdichtung aus. Die gleichmäßigere Verdichtung und die geringere Profilabweichung bei der größeren Profilverschiebung lassen sich durch die bessere Abstützung des Werkstückzahns durch das Werkzeug erklären. Die Werkzeuggeometrie mit der großen Profilverschiebung erzeugte am Werkstück eine starke Deformation der Oberfläche mit Überwalzungen im Bereich des Fußformkreises. Bei Berücksichtigung der Profilqualität, der Verdichtung und der Oberflächenintegrität ergibt sich bezüglich der Werkzeugprofilverschiebung demnach ein Zielkonflikt.

Die experimentellen Ergebnisse wurden für die Validierung der Vorhersagemodelle verwendet. Dazu wurden die Vorhersagen mit metallographischen Schliffen verglichen. Dabei zeigte sich, dass die Vorhersagen der Modelle für den Materialfluss gut mit den empirischen Ergebnissen übereinstimmen. Weiterhin wurden Forschungsmöglichkeiten aufgezeigt, mit denen die Vorhersagen weiter verbessert werden können. In Kapitel 8 wurde die Übertragbarkeit der Erkenntnisse aus dem zylindrischen Kontakt auf das Dichtwalzen von PM-Zahnrädern nachgewiesen und damit die vierte Forschungsfrage beantwortet.

9 Zusammenfassung und Ausblick

Summary and Outlook

Die pulvermetallurgische Zahnradfertigung bietet den Getriebeherstellern die Möglichkeit den erhöhten Bedarf an Getrieben mit geringeren Stückkosten und begrenztem Investitionsbedarf zu begegnen, und zugleich den Ressourcenbedarf der Fertigung hinsichtlich Materialeinsatz und Energiebedarf zu reduzieren [STRE12, KRUZ12]. Um gleichzeitig die Anforderungen an die hohe Leistungsdichte zu erfüllen, müssen gepresste und gesinterte Zahnräder z. B. durch Dichtwalzen nachverdichtet werden. Ausschlaggebend für die Tragfähigkeit der pulvermetallurgisch hergestellten Zahnräder ist neben der Verdichtung der oberflächennahen Randzone die Oberflächenintegrität der Zahnräder [HAJE14].

Das Ziel dieser Arbeit ist die Entwicklung von Vorhersagemodellen, welche die Verdichtung und die Deformation der oberflächennahen Randzone von pulvermetallurgisch hergestellten Zahnrädern beim Dichtwalzen vorhersagen. Dazu wurde ein empirisch-analytischer Ansatz gewählt und die Analogie des Zylinderwalzens herangezogen, um verzahnungsunabhängige Informationen zu erhalten und damit die Modelle auf verschiedene Verzahnungsgeometrien übertragbar zu machen.

Um eine Übertragbarkeit auf verschiedene Verzahnungsgeometrien zu ermöglichen, wurde eine geometrisch-kinematische Kontaktanalyse entwickelt. Diese ermöglicht es für den Dichtwalzprozess die Kontaktradien von Werkzeug und Werkstück, den Schlupf und das lokale Aufmaß, die an einem beliebigen Punkt des Werkstücks vorliegen, zu ermitteln. Diese Daten wurden genutzt, um das Dichtwalzen von Zahnrädern auf das Zylinderwalzen zu übertragen. Die FE-Simulation, in der das Zylinderwalzen untersucht wurde, wurde anhand von experimentellen Untersuchungen validiert.

Die FE-Simulation des Zylinderwalzens wurde eingesetzt, um die Auswirkung verschiedener Kontaktbedingungen auf den Materialfluss zu untersuchen. Es wurden sowohl die einzelnen Einflüsse der variierten Parameter Kontaktradien, Schlupf, Reibung, Aufmaß und Vorverdichtung berücksichtigt als auch ihre Wechselwirkungen. Die Verdichtung wurde anhand der *Zunahme der Randdichte* $\Delta\rho_{\Delta tn}$ und die Gefügedeformation anhand des *Fließwinkels* ε ausgewertet. Auf die *Zunahme der Randdichte* $\Delta\rho_{\Delta tn}$ haben die Summe der Krümmungen der Kontaktpartner, das Aufmaß und die Vorverdichtung einen direkten Einfluss. Auf den Fließwinkel haben neben diesen Werten auch der Schlupf, der Reibfaktor und verschiedene Wechselwirkungen der Prozessgrößen einen Einfluss.

Anhand der ermittelten Zusammenhänge von Materialfluss und den verschiedenen Prozessgrößen wurden Vorhersagemodelle für die *Zunahme der Randdichte* $\Delta\rho_{\Delta tn}$ und den *Fließwinkel* ε entwickelt. Dafür wurde entsprechend der Beobachtungen Teilfunktionen aufgestellt, die in den Modellfunktionen zusammengefasst wurden. Dieses Vorgehen sichert die Anwendbarkeit der Modelle für verschiedenste Verzahnungsgeometrien, da die Ansatzfunktionen auch über die betrachteten Untersuchungsparameter hinaus plausibel sind. Beide Vorhersagemodelle zeigen neben der guten Abbildung der Werte der Simulation, eine angemessene Anzahl an Koeffizienten und einen vernachlässigbaren Einfluss einzelner Werte der Simulation auf das Gesamtergebnis.

Zur Validierung der Vorhersagemodelle wurde eine Verzahnungsgeometrie ausgewählt, die für die pulvermetallurgische Zahnradfertigung sowie den automobilen Markt interessant und die auf der Versuchsmaschine PR15HP dichtwalzbar ist. Es wurden zwei Prozessvarianten definiert, die sich durch unterschiedliche Profilverschiebungsfaktoren der Walzwerkzeuge unterscheiden (x_A = -0,70 und x_B = 1,28). Die Prozessauslegungen wurden mithilfe der geometrisch-kinematischen Kontaktanalyse auf das lokale Aufmaß, die Kontaktradien und den Schlupf untersucht. Mit diesen Informationen wurden die Vorhersagemodelle auf die Prozessvarianten angewandt. Die Vorhersagen der beiden Prozessvarianten unterscheiden sich bei der Randdichte durch eine unterschiedliche Verdichtung im Zahnfuß. Für beide Varianten wird volle Randdichte auf der Zahnflanke vorhergesagt. Der Fließwinkel erreicht für beide Varianten sehr geringe Werte, also eine starke Deformation, am Fußformkreis. Bei Verwendung des Werkzeugs mit der größeren Profilverschiebung ist der Bereich kleiner *Fließwinkel* ε jedoch deutlich größer.

Die beiden Prozessvarianten wurden zur Validierung der Vorhersagemodelle experimentell umgesetzt. Dazu wurden Zahnräder mit den beiden Werkzeuggeometrien auf einer Walzmaschine des Typs PR15HP dichtgewalzt. Die unterschiedlichen Profilverschiebungen zeigen einen erheblichen Einfluss auf die Profilqualität, die Verdichtung und die Oberflächenintegrität. Dabei liegt ein Zielkonflikt vor: Wird ein sehr großer Profilverschiebungsfaktor am Werkzeug verwendet, wird der Zahn des Werkstücks auf beiden Seiten abgestützt, sodass im Vergleich zur anderen Prozessvariante die Profilabweichung gering ist und eine sehr gleichmäßige Verdichtung erreicht wird. Jedoch führt diese Werkzeuggeometrie zu einer starken Deformation der Oberfläche und zur Bildung von Überwalzungen.

Die Validierung erfolgte durch den Vergleich metallographischer Schliffe mit den Vorhersagen der Modelle für den normalen und den tangentialen Materialfluss. Die Vorhersagen und die empirischen Ergebnisse stimmen gut überein, sodass die Übertragbarkeit der Erkenntnisse aus dem zylindrischen Kontakt auf das Dichtwalzen von PM-Zahnrädern nachgewiesen wurde. Daher sind die Vorhersagemodelle für den tangentialen und den normalen Materialfluss zur Bewertung der Prozessauslegungen für das Dichtwalzen von PM-Zahnrädern geeignet.

Die Erkenntnisse der Arbeit legen weitere Forschungsmöglichkeiten offen: Um die Kontaktbedingungen an der Flanke genauer abbilden zu können, sind die Eingriffsbedingungen im Zahnkontakt besser zu verstehen. Am Wälzkreis wird nicht nur der Schlupf, sondern auch die Ausrichtung des Walzspalts geändert. Durch diese Änderung liegt dort immer eine minimale tangentiale Deformation des Gefüges vor. Dieser Einfluss ist zu verstehen, um den Dichtwalzprozess besser zu beschreiben.

Um die Restporosität der Oberfläche des Zahnrads zu bewerten, muss das Verständnis der Verdichtung erhöht werden. Die Porenform, die Porengröße und die Porenverteilung beeinflussen das Verdichtungsverhalten beim Dichtwalzen. Die oberflächennahen Schichten werden zuerst verdichtet, bis die Stabilität der Schicht ausreicht, um die nächsten Schichten zu verdichten. Es ist nicht klar, wie dieses Phänomen von der Form, der Größe und der Verteilung der Poren beeinflusst wird und wie die Restporosität in der Oberfläche vermieden werden kann. Daher ist die Abhängigkeit des Verdichtungsverhaltens von der Porenmorphologie experimentell zu untersuchen. Eine Abbildung der statistischen Verteilung der Porenmorphologie in simulativen Untersuchungen des Dichtwalzens ermöglicht eine effizientere Auslegung der Walzprozesse.

Summary and Outlook

The powder metallurgical gear production provides a good opportunity to transmission manufacturers to meet an increased demand of gears with lower unit costs and limited need for investment. The resource consumption in production with respect to material savings and energy requirements can be reduced at the same time [STRE12, KRUZ12]. In order to simultaneously satisfy the requirements of a high power density, the pressed and sintered gears must be further densified, e. g. by external transverse rolling. A good densification of the surface and surface integrity are crucial for the load capacity of powder metallurgical gears [HAJE14].

The objective of this work is to develop prediction models for the densification and the deformation of the surface zone of powder metallurgical gears during densification rolling. For this purpose, an empirical-analytical approach was chosen and the analogy of cylinder rolling was used to obtain information independent from the gear geometry. Thus, the models can be applied on different gear geometries.

In order to enable the transfer of the models on different gear geometries, initially a geometrical-kinematic contact analysis has been developed. The contact analysis allows determining the contact radii of tool as well as workpiece, the slip and the local stock which occur at a certain point of the workpiece. These features were used to transfer the densification rolling process to cylinder rolling. The FEA simulation, in which cylinder rolling was examined, was validated by experimental studies.

The FEA simulation of the cylinder rolling process was used to investigate the effect of different contact conditions on the material flow. The individual influences of the varied parameters (contact radii, slip, friction, and pre-densification) have been considered as well as their interdependencies. The densification is evaluated based on an increase of the *surface density* $\Delta\rho_{\Delta tn}$ and *flow angle* ε. Upon the increase of surface density $\Delta\rho_{\Delta tn}$, the sum of the curvature of the contact partners, the stock and the pre-densification have a direct impact. In addition to these values, slip, friction factor and various interactions of the variables have an influence on the *flow angle* ε.

Based on the determined relationships between material flow and the various process variables, prediction models for increase of surface density and flow angle were developed. For this, sub-functions in accordance to the observations have been developed and combined in the model functions. This approach ensures the applicability of the models to different gear geometries, because the functions keep their plausibility also beyond the investigation parameters. Besides the predicted values matching the simulated ones well, both prediction models show a reasonable number of coefficients and a negligible influence of individual values on the result.

In order to validate the prediction models, a gear geometry is selected which is interesting for the powder metallurgical gear manufacturing and the automotive market and can also be rolled on the rolling machine. Two process variants were defined which differ in the addendum modification factor of the rolling tools (x_A = -0.70 and x_B = 1.28). The process designs were compared by local stock, contact radii and slip using the geometric-kinematic contact analysis. With this information, the prediction models were applied to the process variants. The prediction of the surface density differs by a different densification in the tooth root. For both variants, full surface density is predicted at the tooth flanks. The flow angle reaches very low values (this means a high deformation) at the tooth root form diameter for both variants. When using the tool with the higher addendum modification factor, however, the areas with a very low flow angle is significantly larger.

The two process variants were experimentally implemented to validate the prediction models. For that purpose, gears were rolled with the two tool geometries on a Profiroll PR15HP. The different addendum modification factors show a significant influence on the profile quality, densification and surface integrity. The investigations show a conflict of objectives: When a tool with a very high addendum modification factors is used, the tooth of the workpiece is supported on both sides. Therefore, compared to the other process variant, the profile deviation is small and a very uniform densification is achieved. However, this tool geometry leads to a strong deformation of the surface and the formation of overlaps.

The validation was performed by comparing metallographic cuts with the predictions of the models for the normal and tangential material flow. The predictions and the empirical results match well so that the applicability of the findings from the cylindrical contact on the densification rolling of PM gears was shown. Therefore, the prediction models for the tangential and the normal flow of materials suitable for the evaluation of process designs for the densification rolling of PM gears.

The findings in this work show further possibilities for research: In order to represent the contact conditions more precisely, the meshing conditions in the tooth contact have to be understood better. At the pitch circle, not only the slip, but also the orientation of the rolling gap changes. Due to this change at the pitch circle, there is always a minimum tangential deformation of the structure. This influence has to be investigated more in order to describe the densification rolling process better.

To evaluate the residual porosity of the surface of the gear, the densification process needs to be investigated further. The pore shape, size and distribution affect the densification behavior during densification rolling. First, the upper layers are densified until the stability of the layer is sufficient so that the next layers can be densified. It is not clear how this phenomenon is influenced by the shape, size and distribution of the pores, and how the residual porosity in the surface can be avoided. Therefore, the dependency of the densification behavior of the pore morphology is to be experimentally investigated. A good representation of the statistical pore morphology within the simulation of the densification rolling process will enable a more efficient design of the rolling processes.

10 Literaturverzeichnis

References

[ANGE08] Angelo, P. C.; Subramanian, R.: Powder metallurgy. Science, technology and applications. New Delhi: Prentice-Hall of India, 2008

[BAGH14] Bagh, A.: Auslegung PVD-beschichteter Zahnräder. Diss. Rheinisch-Westfälische Technische Hochschule Aachen, 2015

[BARG08] Bargel, H.-J.; Hilbrans, H.; Schulze, G.: Werkstoffkunde. In: VDI-Buch 10. Aufl., Berlin [u.a.]: Springer, 2008

[BAUD04] Bauder, H.-J.: Entwicklung eines Hochleistungsharnisches für Luftdüsenwebmaschinen. Diss. Universität Stuttgart, 2004

[BEHR10] Behrens, B.-A.; Gastan, E.; Vahed, N.; Lange, F.: Numerical analysis of the process chain for the production of PM components with integrated information storage. In: Production Engineering. Bd. 4, Nr. 5, 2010, S. 477-482

[BEIS03] Beiss, P.: Mechanische Eigenschaften von Sinterstählen. In: Pulvermetallurgie in Wissenschaft und Praxis. Vorträge des Hagener Symposiums am 27. und 28. November 2003. Nr. 19, 2003, S. 3-23

[BEIS12] Beiss, P.: Pulvermetallurgische Fertigungstechnik. Berlin: Springer Vieweg, 2012

[BENE61] Benedict, G. H.; Kelley, B. W.: Instantaneous Coefficients of Gear Tooth Friction. In: A S L E Transactions. Bd. 4, Nr. 1, 1961, S. 59-70

[BENG01] Bengtsson, Sven, et al.: Surface densified P/M transmission gear. In: International Conference on "Power Transmission Components. Advances in High Performance Powder Metallurgy Applications", Ypsilanti, Michigan, USA, 2001

[BREC10] Brecher, C.; Gorgels, C.; Kauffmann, P.; Röthlingshöfer, T.: 3D Tooth Contact Analysis – Simulation Possibilities for PM Gears. In: PM2010 World Congress – Tools for Improving PM - Design, Test & Evaluation, 2010

[BREC11] Brecher, C.; Gorgels, C.; Hesse, J.; Hellmann, M.: Dynamic transmission error measurements of a drive train. In: Production Engineering. Bd. 5, Nr. 3, 2011, S. 321-327

[BUGI09] Bugiel, C.: Tribologisches Verhalten und Tragfähigkeit PVD-beschichteter Getriebe-Zahnflanken. Diss. Rheinisch-Westfälische Technische Hochschule Aachen, 2009

[COUB05] Coube, O.; Cocks, A. C. F.; Wu, C.-Y.: Experimental and numerical study of die filling, powder transfer and die compaction. In: Powder Metallurgy. Bd. 48, Nr. 1, 2005, S. 68-76

[CZIC10] Czichos, H.: Tribologie-Handbuch. Wiesbaden: Springer Fachmedien, 2010

[DANN05] Danniger, H.; Altena, H.: Wärmebehandlung von Sinterstahl-Präzisionsteilen. In: BHM. Bd. 3, 2005

[DIN03] Norm DIN 8580:2003-09 (2003). Fertigungsverfahren. Begriffe, Einteilung.

[DIN78] Norm DIN 3962 (1978). Toleranzen für Stirnradverzahnungen. Teil 1: Toleranzen für Abweichungen einzelner Bestimmungsgrößen

[DIN87a] Norm DIN 3990-4 (1987). Tragfähigkeitsberechnung von Stirnrädern, Teil 4: Berechnung der Freßtragfähigkeit

[DIN87b] Norm DIN 3960 (1987). Begriffe und Bestimmungsgrößen für Stirnräder (Zylinderräder) und Stirnradpaare (Zylinderradpaare) mit Evolventenverzahnung

[DIZD12] Dizdar, S.: High-Performance Sintered-Steel Gears for Transmissions and Machinery: A Critical Reiew. In: GearTechnology, August 2012

[DOEG03] Doege, E.; Hanini, K.; Schmidt-Jürgensen, R.: Numerische und experimentelle Untersuchungen zum Pulverpressen von Aluminium. In: Materialwissenschaft und Werkstofftechnik. Nr. 34, 2003, S. 729-735

[DOEG07] Doege, E.; Behrens, B.-A.: Handbuch Umformtechnik. Grundlagen, Technologien, Maschinen; mit 55 Tabellen. Berlin, Heidelberg, New York: Springer, 2007

[DOEG86] Doege, E.; Meyer-Nolkemper, H.; Saeed, I.: Fließkurvenatlas metallischer Werkstoffe. Mit Fließkurven für 73 Werkstoffe und einer grundlegenden Einführung. München: Hanser Verlag, 1986

[DRUC52] Drucker, D. C.; Prager, W.: Soil mechanics and plastic analysis for limit design. In: Quarterly of Applied Mathematics. Bd. 10, Nr. 2, 1952, S. 157-165

[DUDL94] Dudley, D. W.: Handbook of practical gear design. Lancaster, PA: Technomic Publ, 1994

[EISE67] Eiselt, H.: Beitrag zur experimentellen und rechnerischen Bestimmung der Fresstragfähigkeit vom Zahnradgetrieben unter Berücksichtigung der Zahnflankenreibung. Diss. Technische Universität Dresden, 1967

[ESPE96] Esper, F. J.: Pulvermetallurgie. Das flexible und fortschrittliche Verfahren für wirtschaftliche und zuverlässige Bauteile; mit 15 Tabellen. In: Kontakt & Studium, Bd. 494 Renningen-Malmsheim: Expert-Verl., 1996

[FELT08] Felten, K.: Verzahntechnik. Das aktuelle Grundwissen über Herstellung und Prüfung von Zahnrädern. 2. Aufl., Renningen: Expert-Verl., 2008

[FERE04] Fereshteh-Saniee, F.; Pillinger, I.; Hartley, P.: Friction modelling for the physical simulation of the bulk metal forming processes. In: Journal of Materials Processing Technology. Bd. 153-154, 2004, S. 151-156

[FLEC92] Fleck, N.; Kuhn, L.; McMeeking, R.: Yielding of metal powder bonded by isolated contacts. In: Journal of the Mechanics and Physics of Solids. Bd. 40, Nr. 5, 1992, S. 1139-1162

[FLOD13] Flodin, A.: Materials Matter. In: Gear Solutions. Bd. 2013, Nr. 2, 2013, S. 24

[FORD04] Forden, L.; Bengtsson, S.; Bergström, M.: High performance gears. In: Proceedings of PM 2004 Congress & Exhibition, Vienna, 2004

[GERM98] German, R. M.: Powder metallurgy of iron and steel. New York: Wiley, 1998

[GIES10] Giessmann, H.: Wärmebehandlung von Verzahnungsteilen. Effektive Technologien und geeignete Werkstoffe; mit 28 Tabellen. 2. Aufl., Renningen: expert-Verl, 2010

[GOLO93] Gologanu, M.; Leblond J.-B: Approximate Models For Ductile Metals Containing Non-Spherical Voids - Case of Axisymmetric Prolate Ellipsoidal Cavaties. In: J. Mech. Phys. Solids. Bd. 41, Nr. 11, 1993, S. 1723-1754

[GRÄS14] Gräser, E.; Hajeck, M.; Bezold, A.; Broeckmann, C.; Brumm, M.; Klocke, F.: Optimized density profiles for powder metallurgical gears. In: Production Engineering. Bd. 8, Nr. 4, 2014, S. 461-468

[GRUE51] Gruener, P.; Brüggemann, T.: Fehlerquellen beim Walzen. In: Stahl und Eisen: Zeitschrift für das Deutsche Eisenhüttenwesen. Bd. 71, Herausgegeben von Verein Deutscher Eisen-und Stahlindustrieller Verein Deutscher Eisenhüttenleute, 1951, S. 20-28 & 71-77

[GURS75] Gurson, A. L.: Plastic flow and fracture behavior of ductile materials incorporating void nucleation, growth and interaction. PhD-Thesis. Brown University, 1975

[HAJE14] Hajeck, M.; Beiss, P.; Broeckmann, C.: Tooth Root Bearing Capacity of Powder Metallurgical Gears. In: EPMA (Hrsg.): Euro PM2014 Congress & Exhibition. Salzburg, Austria, 21-24 September 2014

[HAKE08] Haken, K.-L.: Grundlagen der Kraftfahrzeugtechnik. Mit 36 Tabellen. In: Fahrzeugtechnik München: Hanser, 2008

[HEIN13] Heinzel, C.; Wagner, A.: Fine finishing of gears with high shape accuracy. In: CIRP Annals - Manufacturing Technology. Bd. 62, Nr. 1, 2013, S. 359-362

[HERT82] Hertz, H.: Ueber die Berührung fester elastischer Körper. In: Journal für die reine und angewandte Mathematik (Crelle's Journal). Bd. 1882, Nr. 92, 1882

[HINZ01] Hinzen, H.: Maschinenelemente. München [u.a.]: Oldenbourg, 2001

[HOER90] Hoerster, C.: Bedeutung der Reibung für die Breitung beim Warmwalzen von Stahl. Diss. Rheinisch-Westfälische Technische Hochschule Aachen, 1990

[ILSC10] Ilschner, B.; Singer, R. F.: Werkstoffwissenschaften und Fertigungstechnik. Eigenschaften, Vorgänge, Technologien; mit 31 Tabellen. In: Springer-Lehrbuch 5. Aufl., Berlin [u.a.]: Springer, 2010

[KAUF13] Kauffmann, P.: Walzen pulvermetallurgisch hergestellter Zahnräder. Diss. Rheinisch-Westfälische Technische Hochschule Aachen, 2013

[KELL67] Kelley, B. W.; Lemanski, A. J.: Lubrication of involute gearing. In: ARCHIVE: Proceedings of the Institution of Mechanical Engineers, Conference Proceedings 1964-1970 (vols 178-184), Various titles labelled Volumes A to S. Bd. 182, Nr. 31, 1967, S. 173-184

[KLEP98] Kleppmann, W.: Taschenbuch Versuchsplanung. Produkte und Prozesse optimieren. München: Verlag Carl Hanser, 1998

[KLOC01] Klocke, F.; Raedt, H. W.: Friction in Modeling of Metal Forming Processes. In: International Journal of Forming Processes. Bd. 4, Nr. 1, 2001, S. 43-55

[KLOC02] Klocke, F.; Raedt, H.; et al.: Friction and Wear in Cold Forming. In: Proceedings of the International Conference Recent Developments Columbus, Ohio, USA, 2002

[KLOC05] Klocke, F.; König, W.: Fertigungsverfahren. Umformen. Berlin, New York: Springer, 2005

[KLOC11] F&E Abschlussbericht zum Projekt „PM-Zahnräder“ Förderkennzeichen 02PU2280. Herausgegeben von F. Klocke, 2011

[KLOC12] Klocke, F.; Brumm, M.; Gräser, E.: Use of Powder Metallurgical Gears in Power Transmissions. In: Schick, A. (Hrsg.): Internationale VDI-Fachkonferenz Getriebeproduktion in der Automobilindustrie. 19. und 20. Juni 2012, Friedrichshafen

[KOBA89] Kobayashi, S.; Oh, S.-I.; Altan, T.: Metal forming and the finite-element method. In: Oxford series on advanced manufacturing, Bd. 4 New York: Oxford University Press, 1989

[KOHN05] Kohn, W.: Statistik. Datenanalyse und Wahrscheinlichkeitsrechnung. In: Statistik und ihre Anwendungen Berlin [u.a.]: Springer, 2005

[KOLL13] Koller, P.: Steigerung der Zahnflankentragfähigkeit durch Optimierung von Eigenspannungs- und Oberflächenzustand. 1. Aufl, München: Verl. Dr. Hut, 2013

[KOPP98] Kopp, R.; Wiegels, H.: Einführung in die Umformtechnik. 1. Aufl., Aachen: Verl. der Augustinus-Buchh., 1998

[KOTT03] Kotthoff, G.: Neue Verfahren zur Tragfähigkeitssteigerung von gesinterten Zahnrädern. Diss. Rheinisch-Westfälische Technische Hochschule Aachen, 2003

[KOTT14] Kotthoff, G.: Pulvermetallurgisch hergestellte Verzahnungen. Status und Möglichkeiten. In: Tagungsband "Aktuelle Entwicklungen beim Vorverzahnen" 12. - 13. November 2014 in Aachen. Herausgegeben von WZL Forum, 2014

[KRUZ12] Kruzhanov, V.; Arnhold, V.: Energy consumption in powder metallurgical manufacturing. In: Powder Metallurgy. Bd. 55, Nr. 1, 2012, S. 14-21

[LANG88] Lange, K.: Umformtechnik. 2. Aufl., Berlin [u.a.]: Springer, 1988

[LEMA05] Lemaître, J.; Desmorat, R.: Engineering damage mechanics. Ductile, creep, fatigue and brittle failures. Berlin, New York: Springer, 2005

[LI96] Li, J. H.: Untersuchung der Wirkflächenreibung für die Finite-Elemente-Simulation der Massivumformung. Diss. Rheinisch-Westfälische Technische Hochschule Aachen, 1996

[LICK66] Lickteig, E.: Schraubenherstellung. In: Stahleisen-Bücher. Bd. 4 Düsseldorf: Verlag Stahleisen M.B.H., 1966, S. 61-75

[MASU06] Masuda, H.; Higashitani, K.; Yoshida, H.: Powder technology handbook. 3. Aufl., Boca Raton: Taylor & Francis, 2006

[MEYE99] Meyer, W.: Ein Beitrag zur Tribologie der Innenhochdruckumformung. Diss. Universität Paderborn, 1999

[MICH87] Michaelis, K.: Die Integraltemperatur zur Beurteilung der Fresstragfähigkeit von Stirnradgetrieben. Diss. Technische Universität München, 1987

[MOLI11] Molinari, A.; Santuliana, E.; Cristofolini, I.; Rao, A.; Libardi, S.; Marconi, P.: Surface modifications induced by shot peening and their effect on the plane bending fatigue strength of a Cr-Mo steel produced by powder metallurgy. In: Materials Science and Engineering: A. Bd. 528, Nr. 6, 2011, S. 2904-2911

[MUNZ00] Munzinger, G.: Berechnung des Reibwertgradienten in der Wirkfuge zur Bestimmung der Werkstoffverteilung im Bauteil beim Schmieden eines Zahnrads in Schichtverbundtechnik. Diss. Rheinisch-Westfälische Technische Hochschule Aachen, 2000

[N.N.13] N.N.: Overview of Powder Grades. Firmenschrift Höganäs AB. www.hoganas.com, 2013

[N.N.26] N.N.: Firmenschrift: Bauer & Schaurte. Rohe Schrauben. Neuss, 1926

[NAUN07] Naunheimer, H.; Bertsche, B.; Lechner, G.; Ryborz, J.; Novak, W.: Fahrzeuggetriebe. Grundlagen, Auswahl, Auslegung und Konstruktion. In: VDI-Buch 2. Aufl., Berlin: Springer, 2007

[NEED89] Needleman, A.; Tveergaard, V.: Analyses of Crack Growth in Ductile Solids. In: Proceedings of the 7th International Conference on Fracture Pergamon Press, 1989, S. 2041-2048

[NEUG07] Neugebauer, R.; Klug, D.; Hellfritzsch, U.: Description of the interactions during gear rolling as a basis for a method for the prognosis of the attainable quality parameters. In: Prod. Eng. Res. Devel., 2007, S. 253-257

[NEUM03] Neumaier, T.: Zur Optimierung der Verfahrensauswahl von Kalt-, Halbwarm- und Warmmassivumformverfahren. Diss. Universität Hannover, 2003

[NIEM03] Niemann, G.; Höhn, B.-R.; Winter, H.: Maschinenelemente. Entwerfen, Berechnen und Gestalten im Maschinenbau ; ein Lehr- und Arbeitsbuch. 2., völlig neubearb. Aufl., Berlin [u.a.]: Springer, 2003

[NIGA07] Nigarura, S.; Parameswaran, R.; Trasorras J.: Bending Fatigue of Surface Densified Gears. In: Gear Solutions. August, 2007

[OHLE58] Ohlendorf, H.: Verlustleistung und Erwärmung von Stirnrädern. Diss. Technische Hochschule München, 1958

[OROW43] Orowan, E.: The calculation of roll pressure in hot and cold flat rolling. In: Proceedings of the Institution of Mechanical Engineers 1847-1982 (vols 1-196). Bd. 150, 1943, S. 140-167

[PART00] Parteder, E.: Ein Modell zur Simulation von Umformprozessen pulvermetallurgisch hergestellter hochschmelzender Metalle. Diss. Rheinisch-Westfälische Technische Hochschule Aachen, 2000

[POMP52] Pomp, A.: Stahldraht. In: Stahleisen-Bücher. Bd. 1, 1952

[RILE05] Schutzrecht: Riley, E.; Trasorras, J.: Method and apparatus for densifying powder gears.

[RÖTH12] Röthlingshöfer, T.: Auslegungsmethodik zur Optimierung des Einsatzverhaltens von Beveloidverzahnungen. Diss. Rheinisch-Westfälische Technische Hochschule Aachen, 2012

[RUDO12] Rudow, B.; Neubauer, W.: Trends in der Automobilindustrie. Entwicklungstendenzen, Betriebsratsarbeit, Steuer- und Fördertechnik, Gießereitechnik, Informationstechnologie und -systeme. In: Technik 10-2012 München: Oldenbourg, 2012

[SALA05] Salak, A.; Selecka, M.: Surface Densification of PM Steel Parts by new cold stepwise extrusion method. In: Powder Metallurgy Progress. Bd. 5, Nr. 1, 2005

[SARI99] Saritas, S.; Dogan, C.; Varol, R.: Improvement of fatigue properties of PM steels by shot peening. In: Powder Metallurgy 1999, Vol. 42., Nr. 2

[SCHA07] Schatt, W.; Wieters, K.-P.; Kieback, B.: Pulvermetallurgie. Technologien und Werkstoffe. In: VDI-Buch 2. Aufl., Berlin: Springer, 2007

[SCHA99] Schafstall, H.: Verbesserung der Simulationsgenauigkeit ausgewählter Massivumformverfahren durch eine adaptive Reibwertvorgabe. In: Berichte aus der Fertigungstechnik. Diss. Rheinisch-Westfälische Technische Hochschule Aachen, 1999

[SCHE83] Schey, J. A.: Tribology in metalworking. Friction, lubrication, and wear. Metals Park, Ohio: American Society for Metals, 1983

[SCHL09] Schlecht, B.: Maschinenelemente 2. Lager und Getriebe. In: Pearson Studium - Maschinenbau München: Addison Wesley in Pearson Education Deutschland, 2009

[SCHL95] Schlenk, L.: Untersuchungen zur Fresstragfähigkeit von Großzahnrädern. Diss. Technische Universität München, 1995

[SCHU03] Schulze, V.: Characteristics of Surface Layers Produced by Shot Peening. In: L. Wagner (Hrsg.): Shot Peening. Weinheim: Wiley-VCH Verlag, 2003

[SHAW63] Shaw, M. C.: The role of friction in deformation processing. In: Wear. Bd. 6, Nr. 2, 1963, S. 140-158

[SIGL04] Sigl, L.; Rau, G.; Zingale, P.; Bengtsson, S.; Caudebec, D.: Evoluation of Gear Quality in Helical PM Gears during Processing. In: Proceedings of PM 2004 Congress & Exhibition, Vienna.

[SIGL07] Sigl, L.; Rau, G.; Dennert, C.: Selective Surface Densification for high performance P/M Components. In: Proceedings of Conf. on Powder Metallurgy and Particulate Materials Denver, 2007

[STÖß71] Stößel, K.: Reibungszahlen unter elasto-hydrodynamischen Bedingungen. Versuchsergebnisse an hochbelasteten Gleit-Wälz-Paarungen. Technische Universität München, 1971

[STRE12] Strehl, R.: Wirtschaftlichkeit von P/M-Verzahnungen. In Tagungsband zu: Aktuelle Entwicklungen beim Vorverzahnen 2012, 2012

[STRE97] Strehl, R.: Tragfähigkeit von Zahnrädern aus hochfestem Sinterstählen. Diss. Rheinisch-Westfälische Technische Hochschule Aachen, 1997

[TAKE03] Takemasu, T.; Ozaki, T.; Matsunaga, R.: Crowning Process of P/M Gears for Automotive Transmissions by Finish Rolling Using Screw-

Shaped Tool. In: JSME International Journal Series A. Bd. 46, Nr. 3, 2003, S. 196-201

[TIED07] Tiedemann, I.; Hirt, G.; Kopp, R.; Michl, D.; Khanjari, N.: Material flow determination for radial flexible profile ring rolling. In: Production Engineering. Bd. 1, Nr. 3, 2007, S. 227-232

[TRAS06] Schutzrecht: Trasorras et al.: Method and apparatus for densifying powder gears.

[VAIS01] Vaisha, M.; Singh, R.: Sliding friction-induced non-linearity and parametric effects in gear dynamics. In: Journal of Sound and Vibration. Bd. 248, Nr. 4, 2001, S. 671-694

[WIMM06] Wimmer, A. J.: Lastverluste von Stirnradverzahnungen. Konstruktive Einflüsse, Wirkungsgradmaximierung, Tribologie. Diss. Technische Universität München, 2006

[WOLB01] PM^2 Industry Vision and Technology Roadmap. Powder metallurgy and particulate Materials. Herausgegeben von L. Wolberg, 2001

[WOOL01] Schutzrecht: Woolf, R.; Riley, E.: Method and apparatus for densifying metal powder preforms.

[YAZI08] Yazici, B. A.; Kraft, T.; Riedel, H.: Finite element modelling of PM surface densification process. In: Powder Metallurgy. Bd. 51, Nr. 3, 2008, S. 211-216